하루 한 끼
자연식 반찬

오늘 무슨 요리 할까?

42가지 재료로 만든 집 반찬 94

Prologue

오늘
무슨
요리할까?

주부라면 누구나가 매일 하는 고민입니다. 매일 똑같은 반찬을 만들거나 한 번 먹은 음식을 여러 차례 상에 올리면 가족들은 어김없이 식탁에서 지루해 하죠. 하지만 매일 새로운 메뉴를 선보이는 일은 쉽지 않습니다. 장보기에 나서도 '그 나물에 그 밥'인 것처럼 매일 똑같은 재료에 손이 먼저 가니까요. 똑같은 재료로도 영양도 맛도 특별한 요리를 만드는 비결, 그 비결을 소개합니다.

우리 가족을 위한 자연식 반찬 만들기

요리를 하면 할수록 갖게 된 확신이 있다면 '요리=건강'이라는 신념입니다. '삼시 세 끼 식사를 잘 챙기면 보약이 따로 필요 없다'는 말처럼 건강한 몸을 만드는 시작은 분명 건강한 요리입니다. 하지만 삼시 세 끼를 영양적으로 균형 있게 고루 먹는다는 것은 생각처럼 쉬운 일만은 아닙니다. 그러기 위해서는 먼저 우리 가족이 무얼 좋아하는지, 무얼 먹을 것인지, 필요한 영양은 어떤 것인지를 정확히 알아야 합니다. 채소류뿐만 아니라 해초류, 어패류, 생선류 등도 꼼꼼히 식탁에 올려야 할 이유이기도 합니다.

42가지 재료로 만든 자연식 반찬 94

이 책에는 좋은 요리, 건강한 요리가 만들어지는 모든 과정을 담았습니다. 재료의 영양 분석부터 장보기, 다듬고 손질하기, 양념의 배합과 조리까지 꼼꼼하게 요리의 전 과정을 소개했습니다. 모두 나물, 해조류, 생선류, 어패류, 건어물 등 시장에 나가면 누구나 손쉽게 구할 수 있는 42가지의 재료로 만든 요리입니다. 특히 손질하기 어려워 선뜻 엄두를 내지 못했던 조개류, 생선류의 다양한 조리 방법을 자세히 다루어 보았습니다. 하루에 한 그릇! 자연식 반찬에 도전하세요! '그 나물에 그 밥'이라는 남편의 시선, '돈가스~'만을 외치는 아이의 볼멘소리도 우리 집 식탁에서 사라질 것입니다.

요리연구가

오 은 경

Contents 레시피는 모두 2인분 기준입니다.

1

뿌리채소

6

생선

7

건어물

8

소스 만들기

더덕

다량의 사포닌이 함유된 더덕은 값비싼 인삼 대용으로 먹기 좋다. 굵고 상처가 없으며 표면의 흙이 마르지 않고 약간 축축한 것이 신선한 더덕이다.

다듬기 더덕의 껍질은 결을 따라 가로로 벗겨야 잘 벗겨진다. 굵은 것은 반 갈라 옅은 소금물에 20분간 담가 연해지면 밀대로 밀어 조리한다.

쏨바귀

쏩쏠한 맛이 특징인 쏨바귀는 식욕증진에 특히 좋다. 예로부터 열병이나 속병에 좋다고 알려졌으며, 뿌리가 너무 굵지 않고 탄력이 있는 것을 고른다.

다듬기 뿌리가 가는 쏨바귀는 조리 전 다듬기가 중요하다. 잘 비벼 씻어야 흙물을 깨끗이 뺄 수 있다. 쓴맛이 강해 쓴맛을 우려낸 뒤에 먹는다.

도라지

도라지는 기침과 기관지염에 특효지만 한 번에 너무 많은 양을 섭취하는 건 피한다. 굵고 잔뿌리가 적으며 껍질 쪽에 상처가 없고 표면의 흙이 마르지 않고 축축하게 젖은 것이 좋다.

다듬기 껍질을 벗긴 뒤 저며 썰거나 채 썰어 소금을 뿌리고 바락바락 주물러 씻어 쓴맛을 뺀다.

달래

뿌리에 비타민과 칼슘이 들어 있는 달래는 알뿌리가 굵을수록 좋다. 빈혈, 간 기능 강화, 동맥경화 예방에 효과적이며 알뿌리가 굵고 마르지 않고 줄기가 신선한 것을 고른다.

다듬기 달래를 다듬을 때는 우선 알뿌리 쪽의 겉껍질을 벗기고 뿌리 쪽의 지저분한 것을 잘라낸다.

냉이

단백질의 함유량이 높은 냉이는 혈액순환과 소화 및 해독기능, 보혈작용에 좋다. 나트륨 배출작용도 냉이만의 장점. 냉이는 뿌리가 너무 굵지 않고 곧고 연하며 잎이 작고 가늘수록 좋다.

다듬기 냉이의 맛과 향이 집중된 뿌리는 되도록 상처 나지 않게 검은 부분만 긁어낸다. 누런 잎도 뗀다.

은달래

달래를 1년 더 키운 은달래는 푸른 줄기 없이 알뿌리가 더 크고 하얀 게 특징. 길이가 짧고 탄력 있는 게 신선한 은달래다. 양념에 무쳐 놓으면 더 오랫동안 먹을 수 있다.

다듬기 알뿌리 쪽의 검은 부분은 칼로 제거한다. 알뿌리가 굵을 경우 통째 먹기에 너무 매콤할 수 있으니 반으로 잘라 요리한다.

01

달래알배추샐러드

준비단계 15분 · 조리시간 15분

재료
달래 1/2묶음(50g), 알배추 · 봄동 6장씩,
토마토 1개

딸기 소스
딸기 4개, 올리고당 · 레몬식초 1큰술씩,
소금 조금

COOKING TIP
딸기 소스의 단맛은 향과 맛이 진한 꿀,
설탕보다는 순한 맛의 올리고당으로 낸다.

달래는 뿌리쪽 껍질을 제거하고, 알배추와 봄동은 밑동 잘라 연한 잎을 준비한다.	**1** 손질한 달래는 3cm 길이로 썰고, 알배추는 연한 속잎으로 골라 씻어 한 입에 먹기 좋게 작게 썬다.	**2** 봄동은 연한 잎으로 골라 손질하고, 큰 잎은 먹기 좋은 크기로 작게 썬다.
3 토마토는 단단한 것으로 준비해 꼭지를 떼어내고 사방 1.5cm 크기로 썬다.	**4** 딸기는 꼭지를 떼고 강판에 간다. 너무 힘을 주면 딸기가 으스러져 잘 갈리지 않으니 힘을 빼고 살살 간다.	**5** ④에 올리고당, 레몬식초, 소금을 넣고 섞어 새콤달콤한 딸기 소스를 만들어 준비한 재료와 곁들인다.

국물요리에 달래를
넣을 때는 알싸한
향이 살아나도록
마지막에 넣어
살짝만 익힌다.

달래새우맑은탕

℠ 준비단계 15분 · 조리시간 15분 Ⅎ

재료
달래 1/2묶음(50g), 새우 8마리, 무 100g, 홍고추
1개, 다시마 10cm 길이 1조각, 맛국간장 1/2큰술,
생강즙 1작은술, 다진 마늘 1/2작은술, 소금 조금

COOKING TIP
달래는 생으로 먹을 때 맛과 영양이 좋으므로 끓
이는 마지막에 넣어 살짝만 익혀 먹는다.

준비하기 달래 뿌리 부분의 지저분한 것을 제거하고, 무와 홍고추는 깨끗하게 손질한다.	**1** 손질한 달래는 3cm 길이로 썰고 무는 얇게 나박나박 썬다. 홍고추는 동글게 저며 썬다.	**2** 새우는 등 쪽의 내장을 빼낸 뒤 머리, 껍질을 벗긴다. 머리는 버리지 말고 육수낼 때 사용한다.
3 냄비에 물 3컵 붓고 다시마와 무, 새우머리를 넣어 중불에서 8분 정도 끓인다.	**4** 무가 익으면 새우머리는 건지고 새우, 홍고추, 생강즙, 다진 마늘, 맛국간장, 소금을 넣어 간한다.	**5** 새우가 익으면 마지막에 ①의 달래를 넣고 바로 불을 끈다.

달래를 고를 때는
뿌리가 마르지
않았는지부터
살핀다.

달래치킨롤오븐구이

준비단계 40분 · 조리시간 20분

재료
달래 1/2묶음(50g), 닭 허벅지살 2개,
노랑 · 홍파프리카 1/2개씩, 양파 1/3개,
슈레드치즈 1컵, 소금 · 식용유 조금씩

닭고기 양념 : 맛술 1큰술, 소금 · 후춧가루 조금
토마토 소스 : 토마토페이스트 4큰술, 다진 양파
3큰술, 다진 마늘 · 설탕 1작은술씩, 물 1/2컵,
올리브유 약간, 소금 · 후춧가루 조금씩

COOKING TIP
오븐이 없을 경우 팬에서 한 번 더 구워낸다. 이
때 팬에 물 3~4큰술을 넣고 뚜껑을 덮고 익혀야
속이 제대로 잘 익는다.

준비하기 달래는 뿌리 쪽의 껍질을 제거한 뒤, 닭고기의 지방을 미리 떼어둔다. 토마토 소스 재료도 섞어 만들어둔다.	**1** 손질한 달래는 8cm 길이로 자른다. 노랑·홍파프리카는 씨와 하얀 속을 제거한 뒤 8cm 길이로 채 썬다. 양파는 적당한 크기로 채 썬다.	**2** 밑간한 닭고기 위에 달래, 양파, 파프리카를 얹고 소금을 솔솔 뿌려 간한 뒤 쌈을 싸듯 돌돌 말아 이쑤시개 2개로 고정시킨다.
3 팬을 달군 뒤 닭고기 말은 것을 얹어 겉이 노릇해지도록 센 불에서 지진다. 너무 오래 지지면 쉽게 타므로 초벌구이하듯 익힌다.	**4** 오븐 그릇에 초벌구이한 닭고기말이를 올리고 그 위에 미리 준비한 토마토 소스를 얹는다. 180℃로 예열한 오븐에 넣어 20분간 굽는다.	**5** 오븐에서 꺼내기 전에 슈레드치즈를 위에 얹어 녹을 때까지 좀 더 굽는다. 치즈를 더하면 그 맛이 더 고소해진다.

알싸한 맛을
좋아하면 알뿌리가
큰 은달래를
추천한다.
온가족이 먹을
요량이라면
알뿌리를 반 잘라
요리하는 게 좋다.

은달래생채

준비단계 10분 · 조리시간 10분

재료	양념	COOKING TIP
은달래 한 줌(50g), 홍고추 1개	고춧가루 1큰술, 식초 1/2큰술, 고추장 · 설탕 · 참기름 1작은술씩, 다진 마늘 1/2작은술, 통깨 조금	고추장 양념을 섞을 땐 참기름을 마지막에 넣어야 양념이 겉돌지 않는다.

준비하기	은달래는 칼로 알뿌리 쪽의 껍질을 정리해 지저분한 것을 없앤다.	**1**	은달래는 알뿌리가 너무 크면 통으로 먹기에 매울 수 있으니 반으로 자른다.	**2**	손질한 은달래를 물에 담갔다가 살살 씻어 건진다. 체에 걸러 물이 잘 빠지도록 한다.
3	홍고추는 꼭지를 따고 반 갈라 씨를 털고 굵게 다진다.	**4**	고추장에 분량의 재료를 고루 섞어 양념을 만든다.	**5**	은달래에 굵게 다진 홍고추와 ④의 양념을 더해 살살 털듯 가볍게 버무린다. 식초는 먹기 직전에 더한다.

냉이를 전골이나
국으로 조리할 때는
양념을 되도록
적게 넣어야 향이
산다.

냉이쇠고기전골

준비단계 25분 · 조리시간 20분

재료
냉이 두 줌(100g), 쇠고기 부채살 200g,
팽이버섯 1/2봉지, 당근 1/3개, 홍고추 1개,
대파 10cm 길이

육수 : 다시마 10cm 길이 1조각, 맛국간장 1큰술,
물 2과1/2컵, 소금 조금
쇠고기 양념 : 맛술 · 생강즙 · 맛국간장 1큰술씩,
다진 마늘 · 참기름 1/2큰술씩, 후춧가루 조금

COOKING TIP
밥 없이 전골로 한끼 식사를 준비하고 싶다면
만두 또는 칼국수를 함께 넣고 끓여도 좋다.

준비하기	냉이는 뿌리에 상처가 나지 않도록 검은 부분만 제거한다.	**1**	손질한 냉이는 길이가 긴 것은 3등분으로 잘라 먹기 좋은 크기로 만든다.	**2** 쇠고기는 얇게 썰어 핏물 제거한 뒤 갖은 양념으로 버무린다.
3	팽이버섯은 밑동을 자르고 당근은 4cm 길이로 채 썰고 홍고추와 대파는 어슷 썬다.	**4**	물 2과1/2컵에 가윗집낸 다시마를 넣어 5분간 끓여 건진 뒤 맛국간장, 소금으로 간을 해 육수를 만든다.	**5** 전골냄비에 양념한 쇠고기, 팽이버섯, 당근, 파, 홍고추, 냉이를 돌려 담고 육수를 부어 즉석에서 끓여 먹는다.

냉이의 향과 맛을
그대로 느끼고
싶다면 살짝 데쳐
된장이나 고추장에
무쳐 먹는 게
적당하다.

냉이강된장

ფ 준비단계 15분 · 조리시간 20분 ჟ

재료
냉이 한 줌(50g), 된장 3큰술, 말린 표고버섯 2개, 홍고추 1개, 양파 1/4개, 멥쌀가루 2큰술, 다진 마늘 1/3작은술

육수
다시마 10cm 길이 1조각, 표고버섯 기둥 2개 분량, 건새우 2큰술, 물 2컵

COOKING TIP
국물에 쌀가루를 조금 넣으면 강된장의 빡빡한 농도를 맞출 수 있다.

<table>
<tr>
<td>준비하기</td>
<td>건새우는 잔가루를 없애고 다시마는 가윗집을 낸다. 표고버섯은 물에 불려둔다.</td>
<td>1</td>
<td>냉이는 다듬어 씻어 2cm 폭으로 썰고 홍고추는 얇게 저며 썬다.</td>
<td>2</td>
<td>불린 표고버섯은 기둥을 자르고 굵직하게 다지고 양파도 굵게 다진다.</td>
</tr>
<tr>
<td>3</td>
<td>냄비에 물을 붓고 가윗집낸 다시마와 건새우, 표고버섯 기둥을 넣어 중불로 8분간 끓인다. 육수를 낸 뒤 건더기는 건진다.</td>
<td>4</td>
<td>③의 육수에 된장을 풀고 표고버섯, 양파, 다진 마늘 넣어 끓인다.</td>
<td>5</td>
<td>바글바글 끓으면 냉이와 홍고추, 멥쌀가루를 넣어 젓는다. 국물이 빡빡해지면 불을 끄고 담아낸다.</td>
</tr>
</table>

손질한 냉이가
남으면 끓는 물에
살짝 데쳐 냉장보관
한다. 랩에 싸서
보관하면 고유의
향을 좀 더 유지할
수 있다.

냉이감자채전

৪০ 준비단계 20분 · 조리시간 15분 ৫৩

재료
냉이 한 줌(50g), 감자 2개, 당근 1/4개,
밀가루 3큰술, 달걀 1개, 소금 · 식용유 조금씩

초간장
간장 2큰술, 식초 · 생수 1큰술씩,
다진 홍고추 · 송송 썬 실파 1작은술씩

COOKING TIP
채 썬 감자는 찬물에 헹궈 전분기를 뺀 뒤 전으
로 지져야 더욱 바삭하다.

준비하기	냉이는 누런 잎을 떼고 뿌리를 손질하고, 당근과 감자는 깨끗이 씻은 뒤 껍질을 벗긴다.	**1**	손질한 냉이는 1cm 폭으로 썬다. 당근과 감자는 가늘게 채 썰고 감자 채는 찬물에 헹궈 전분기를 없앤다.
2	감자 채, 당근 채, 냉이 썬 것을 한데 담고 달걀, 밀가루, 소금, 물 3큰술을 넣어 반죽한다.	**3**	식용유를 두른 팬에 ②의 반죽을 한 수저씩 올려 노릇하게 지진다. 식용유는 살짝만 둘러야 전이 느끼하지 않다. 분량의 초간장 재료를 섞어 함께 곁들여 먹는다.

08

열량이 낮은 냉이는
다이어트 식품으로
좋다. 담백한 맛의
두부와도 궁합이
잘 맞는다.

냉이두부스테이크

준비단계 25분 · 조리시간 20분

재료
냉이 한 줌(50g), 두부 1/2모, 새송이버섯 2개, 홍
파프리카 1/2개, 멥쌀가루 1/3컵, 녹말물 2큰술
(물 · 녹말 2큰술씩), 들깨가루 1/2큰술, 소금 · 후
춧가루 · 식용유 조금씩

소스
간장 · 맛술 1큰술씩, 물 2/3컵, 참기름 1작은술,
생강가루 1/3작은술

COOKING TIP
멥쌀가루는 떡방앗간에서 구입하거나 쌀을 씻어
5시간 정도 불린 뒤 곱게 가루로 빻는다.

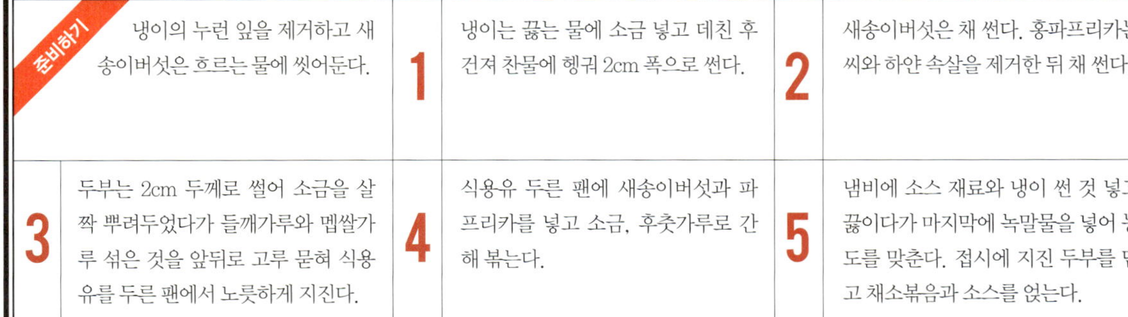

준비하기	냉이의 누런 잎을 제거하고 새송이버섯은 흐르는 물에 씻어둔다.	**1**	냉이는 끓는 물에 소금 넣고 데친 후 건져 찬물에 헹궈 2cm 폭으로 썬다.	**2**	새송이버섯은 채 썬다. 홍파프리카는 씨와 하얀 속살을 제거한 뒤 채 썬다.
3	두부는 2cm 두께로 썰어 소금을 살짝 뿌려두었다가 들깨가루와 멥쌀가루 섞은 것을 앞뒤로 고루 묻혀 식용유를 두른 팬에서 노릇하게 지진다.	**4**	식용유 두른 팬에 새송이버섯과 파프리카를 넣고 소금, 후춧가루로 간해 볶는다.	**5**	냄비에 소스 재료와 냉이 썬 것 넣고 끓이다가 마지막에 녹말물을 넣어 농도를 맞춘다. 접시에 지진 두부를 담고 채소볶음과 소스를 얹는다.

씀바귀는 쓴맛이 강해 끓는 물에 데쳐 하룻밤 찬물에 담갔다 써야 쓴맛이 우러나 먹기 편하다.

씀바귀묵냉채

준비단계 1일 · 조리시간 15분

재료
씀바귀 반 줌(30g), 도토리묵 1/2모, 쇠고기 우둔 100g, 오이 1/2개, 소금 · 식용유 조금씩

쇠고기 양념 : 배즙 1큰술, 간장 2/3큰술, 참기름 1/2큰술, 설탕 · 깨소금 1작은술씩, 다진 마늘 1/2 작은술, 후춧가루 조금

초간장 : 간장 1큰술, 식초 1/2큰술, 설탕 · 다진 홍고추 1작은술씩, 통깨 조금

COOKING TIP
도토리묵은 칼에 물을 묻혀가며 썰어야 일정한 모양으로 잘 썰린다.

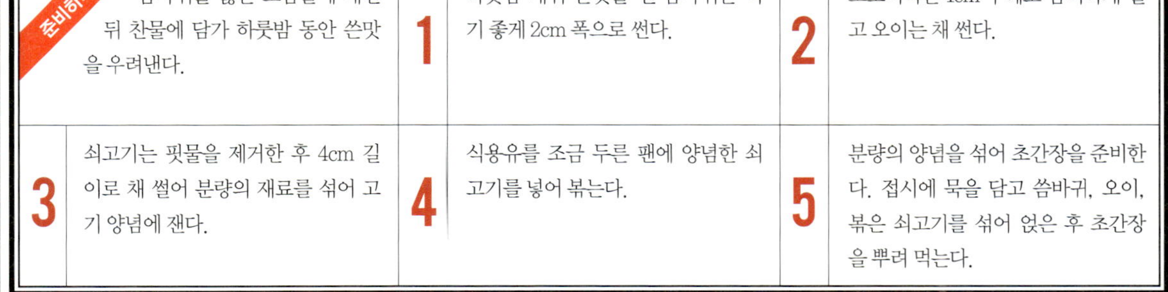

<table>
<tr><td>**준비하기** 씀바귀를 끓는 소금물에 데친 뒤 찬물에 담가 하룻밤 동안 쓴맛을 우려낸다.</td><td>**1** 하룻밤 재워 쓴맛을 뺀 씀바귀는 먹기 좋게 2cm 폭으로 썬다.</td><td>**2** 도토리묵은 1cm 두께로 큼직하게 썰고 오이는 채 썬다.</td></tr>
<tr><td>**3** 쇠고기는 핏물을 제거한 후 4cm 길이로 채 썰어 분량의 재료를 섞어 고기 양념에 잰다.</td><td>**4** 식용유를 조금 두른 팬에 양념한 쇠고기를 넣어 볶는다.</td><td>**5** 분량의 양념을 섞어 초간장을 준비한다. 접시에 묵을 담고 씀바귀, 오이, 볶은 쇠고기를 섞어 얹은 후 초간장을 뿌려 먹는다.</td></tr>
</table>

10

썸바귀를 소금물에
데칠 때는 반드시
살짝만 데친다.
너무 오래 데치면
물러져 씹는 질감이
덜하다.

씀바귀고추장무침

준비단계 1일&15분 · 조리시간 10분

재료
씀바귀 한 줌(50g)

양념
고추장 1큰술, 고춧가루 · 설탕 ·
깨소금 · 다진 파 · 참기름 1작은술씩,
다진 마늘 1/2작은술

COOKING TIP
씀바귀의 강한 쓴맛이 부담스럽다면 양념에 단
맛을 살짝 추가해야 쓴맛이 중화된다.

준비하기 씀바귀를 끓는 소금물에 데친 뒤 찬물에 하룻밤 동안 담가 쓴맛을 우려낸다.		**1** 씀바귀는 노랗고 딱딱해진 끝부분은 잘라내고 물에 담가 2~3번 비벼 씻어 잔수염을 떼어낸다.
2 끓는 물에 소금을 넣고 씀바귀 넣어 살짝 데친 후 넉넉한 찬물에 담가 쓴맛을 우린다. 쓴맛이 강하다면 찬물에 담가 하룻밤 우린다.		**3** 데친 씀바귀를 6cm 폭으로 썰어 분량대로 섞은 양념에 넣어 조물조물 무친다. 먹기 직전에 통깨를 살살 뿌려 올리면 고소한 맛이 더해진다.

향이 강한 더덕
요리에는 마늘이나
생강처럼 강한
양념을 적게
넣어야 더덕 고유의
맛과 향이 산다.

더덕잣된장소스무침

꾜 준비단계 30분 · 조리시간 10분 ⋐

재료
더덕 4개, 돌미나리 반 줌(20g), 배 1/4개,
잣 1큰술

매실 된장
매실청 · 된장 1과1/2큰술씩, 다진 파 1/2큰술,
깨소금 · 참기름 1작은술씩, 다진 마늘 1/2작은술

COOKING TIP
양념을 만들 때 매실청이 없을 경우 조청을 대신
해도 좋다.

더덕의 껍질은 결을 따라 가로로 벗겨내고 돌미나리는 밑둥을 잘라둔다.	**1** 껍질을 벗긴 더덕은 4cm 길이로 등분해 길게 저며 썬 뒤 채 썬다.	**2** 돌미나리는 4cm 길이로 썰고 배는 껍질 벗겨 한입 크기로 저며 썬다.
3 잣을 키친페이퍼 위에서 곱게 다지거나 그라인더로 갈아 곱게 가루를 낸다.	**4** 분량의 양념을 섞는다. 이때 참기름은 가장 나중에 넣어 섞는다.	**5** ④의 양념에 더덕을 넣어 양념이 배도록 버무린 뒤 돌미나리와 잣가루를 넣고 살살 무친다. 접시에 배를 깔고 가운데 무침을 담는다.

더덕은 반드시
껍질째 구입한다.
굵은 더덕이 가늘고
긴 더덕보다 향과
맛이 훨씬 진하다.

더덕고추장구이

준비단계 50분 · 조리시간 15분

재료
통더덕 5개, 잣 1작은술, 식용유 조금

유장 : 참기름 1큰술, 간장 1작은술
구이 양념 : 고추장 2큰술, 물 1큰술, 다진 파 ·
올리고당 1작은술씩, 고춧가루 · 다진 마늘 ·
깨소금 1/2작은술씩

COOKING TIP
더덕을 구울 때는 식용유를 둘러 익히면 더덕의
개운함이 사라진다. 생선 굽는 그릴이나 오븐에
기름을 거의 넣지 않고 구워야 맛깔스럽다.

준비하기 더덕은 결을 따라 껍질을 벗겨 놓는다.	**1**	껍질을 벗긴 더덕은 반 갈라 옅은 소금물에 30분 정도 담가둔다. 바로 두들기면 더덕 살이 부서지기 쉽다.	**2**	①의 더덕을 젖은 면보로 덮고 밀대로 두들기듯 밀어 편편하고 얇게 만든다.
3 ②의 더덕에 분량의 참기름과 간장을 섞은 유장을 바른다.	**4**	잣은 고깔을 떼고 키친페이퍼에 올려 곱게 다진다. 잣 그라인더를 이용해서 잣가루를 내도 좋다.	**5**	석쇠나 팬을 달군 뒤 더덕을 올려 애벌구이한 뒤, 구이 양념을 앞뒤로 발라 다시 굽는다. 접시에 올린 뒤 잣가루를 뿌려낸다.

더덕 향이 강할
경우 쌀뜨물에
20분 정도 담갔다
조리한다.

더덕쇠고기불고기

준비단계 40분 · 조리시간 15분

재료
더덕 4개, 쇠고기 불고깃감 300g, 대파 1/2대,
마늘 5개, 소금 · 식용유 조금씩

불고기 양념
간장 · 배즙 3큰술씩, 참기름 2큰술,
맛술 · 꿀 · 깨소금 · 설탕 1큰술씩,
후춧가루 조금

COOKING TIP
다시마 육수를 넉넉히 붓고 불린 당면 또는 국수
를 곁들여 즉석 전골로 끓여도 맛나다. 전골로 먹
을 땐 불고기 양념에 단맛을 줄인다.

준비하기	불고깃감은 미리 썰어 하룻동안 냉장고에서 숙성시키고 더덕과 채소를 다듬어둔다.	**1** 더덕은 어슷하게 저며 썰어 쌀뜨물에 잠시 담근다. 대파는 4cm 길이로 잘라 채 썰고 마늘은 도톰하게 편으로 썬다.
2	불고깃감은 분량대로 섞은 양념의 2/3와 대파, 마늘을 넣고 버무려 1시간 정도 재운다. 남은 양념은 더덕을 버무린다.	**3** 팬을 달군 뒤 양념한 쇠고기와 더덕을 얹어 볶는다. 센 불에서 재빨리 익혀야 고기 육즙이 많이 빠지지 않아 맛나게 먹을 수 있다.

남은 도라지는
썰어 말려두었다가
조금씩 차로 끓여
마셔도 좋다.

도라지쇠고기산적

꽁 준비단계 35분 · 조리시간 30분 ❧

재료
통도라지 100g, 쇠고기 산적감 150g,
쪽파 4줄기, 소금 · 식용유 조금씩

도라지 양념 : 참기름 1큰술, 간장 1작은술,
실고추 · 소금 조금씩

쇠고기 양념 : 간장 1과1/2큰술, 다진 쪽파 · 맛
술 · 참기름 1/2큰술씩, 다진 마늘 · 설탕 1작은술
씩, 후춧가루 조금

COOKING TIP
도라지는 뻣뻣하므로 끓는 물에 2분 정도 데쳤
다가 꼬치에 끼워야 부서지지 않는다. 너무 오래
익히면 물렁거려 맛이 없으니 주의한다.

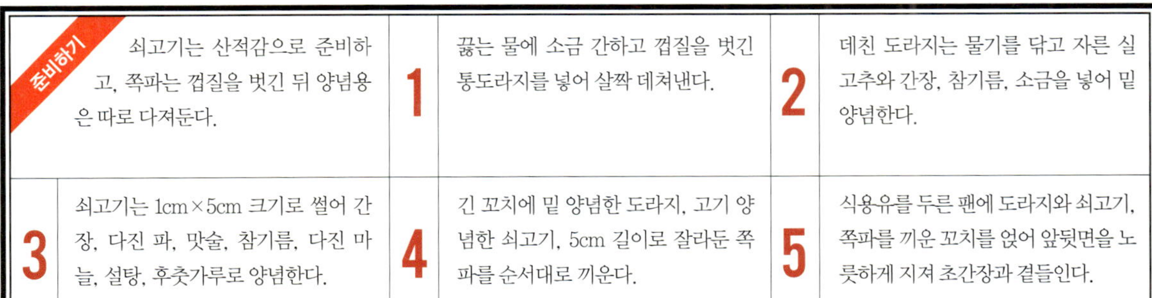

준비하기 쇠고기는 산적감으로 준비하고, 쪽파는 껍질을 벗긴 뒤 양념용은 따로 다져둔다.	**1** 끓는 물에 소금 간하고 껍질을 벗긴 통도라지를 넣어 살짝 데쳐낸다.	**2** 데친 도라지는 물기를 닦고 자른 실고추와 간장, 참기름, 소금을 넣어 밑양념한다.
3 쇠고기는 1cm×5cm 크기로 썰어 간장, 다진 파, 맛술, 참기름, 다진 마늘, 설탕, 후춧가루로 양념한다.	**4** 긴 꼬치에 밑 양념한 도라지, 고기 양념한 쇠고기, 5cm 길이로 잘라둔 쪽파를 순서대로 끼운다.	**5** 식용유를 두른 팬에 도라지와 쇠고기, 쪽파를 끼운 꼬치를 얹어 앞뒷면을 노릇하게 지져 초간장과 곁들인다.

15

도라지의 쓴맛이 싫다면 소금을 뿌려 주물려 씻어낸 뒤 조리하거나 쌀뜨물에 담갔다 조리한다.

도라지쌀가루튀김

준비단계 25분 · 조리시간 20분

재료
통도라지 100g, 멥쌀가루 4큰술, 튀김기름 적당량

튀김옷 : 멥쌀가루 2/3컵, 찬물 1컵, 검은깨가루 1작은술, 소금 조금
초간장 : 간장 1큰술, 식초 · 생수 1/2큰술씩, 송송 썬 실파 1작은술

COOKING TIP
샐러드 채소 위에 도라지 튀김과 과일맛 드레싱을 더해 먹어도 맛있다.

	검은깨는 미리 빻아 가루를 내고 실파는 송송 썰어둔다.	**1**	껍질을 벗긴 도라지는 굵은 것을 골라 2~3번 길게 저민다.	**2**	저며 썬 도라지에 소금을 뿌려 주물러 씻어 쓴맛을 적당히 빼낸다.
3	멥쌀가루에 찬물, 검은깨가루, 소금 간을 한데 섞어 튀김 반죽을 한다.	**4**	도라지에 멥쌀가루를 뿌리고 훌훌 털어가며 덧가루를 묻힌다.	**5**	튀김 반죽에 ④의 도라지를 담갔다가 건져 170℃로 끓인 기름에서 노릇하고 바삭하게 튀긴다. 분량대로 섞어 만든 초간장을 곁들여 찍어 먹는다.

줄기채소

2

마늘쫑

마늘쫑은 혈액순환을 촉진시켜 수족냉증에 효과적이다. 굵기가 일정하며 줄기가 연하고 굵은지를 꼼꼼히 살핀다. 줄기가 탱탱할수록 수분이 많아 싱싱하다.

다듬기 마늘쫑 줄기 끝의 단단한 부분은 자른다.

아스파라거스

예로부터 한의학에서 '천문동'이라는 약재로 사용되어 왔던 채소다. 너무 크거나 두껍지 않고 꽃봉오리 모양의 싹이 연할수록 그 맛이 뛰어나다.

다듬기 줄기 끝의 단단한 부분을 자르고 껍질이 두꺼운 아래쪽은 필러로 벗겨낸다.

두릅

참두릅, 개두릅, 땅두릅 등 여러 종류가 있다. 단백질과 회분, 비타민C를 다량 함유했으며, 약간의 독성이 있으므로 꼭 끓는 물에 데쳐 먹는다.

다듬기 참두릅은 밑동과 가시를 제거하고, 개두릅과 땅두릅은 그대로 조리한다.

죽순

죽순은 빗살무늬 속이 꽉 차고 모양이 반듯할수록 신선하다. 껍질이 벗겨졌거나 색이 누렇게 변색되었다면 오래된 것이므로 주의할 것.

다듬기 생 죽순은 껍질을 벗겨 쌀뜨물에 푹 삶았다가 저며 썰어 조리한다.

껍질콩

껍질콩은 한식과도 잘 어울린다. 단백질, 칼슘, 칼륨, 비타민C가 함유되어 있고, 특히 비타민 A가 풍부해 눈과 간, 피부에 좋다.

다듬기 줄기 양 끝을 조금 잘라내고 끓는 물에 데쳐 조리한다.

고사리

고사리는 초록의 어린 순은 삶아 볶아 먹고, 나머지는 말려 갈무리해 일년 내내 먹는다. 삶았을 때는 밝은 갈색에 줄기가 굵고 연하며 부드러운 게 좋다.

다듬기 뻣뻣한 줄기를 자르고 넉넉한 물에 1시간 정도 담가 특유의 나쁜 맛을 뺀다.

두릅은 줄기가 굵고
곧으며 탄력 있는
것이 신선하다.

두릅두부강정

❧ 준비단계 15분 · 조리시간 20분 ❧

재료
두릅 150g, 두부 1/2모, 녹말가루 3큰술, 소
금 · 후춧가루 · 식용유 조금씩, 통깨 약간

조림장
간장 2큰술, 올리고당 · 맛술 1큰술씩, 생강
즙 · 참기름 1작은술씩, 후춧가루 조금

COOKING TIP
조림장을 섞어 끓일 때 참기름은 가장 나중에 넣
어야 고루 섞인다.

준비하기	두릅의 밑둥을 자르고 줄기의 가시를 제거한다	**1**	손질한 두릅은 끓는 소금물에 살짝 데친 뒤 찬물에 헹군다.	**2**	두부는 사방 2cm 크기로 깍뚝썰기해 소금과 후춧가루로 밑간한다.
3	두부의 물기를 키친페이퍼로 닦아낸 후 녹말가루를 고루 묻힌다.	**4**	식용유를 넉넉히 두른 팬에 두부를 넣고 노릇하게 굴려가며 지진다.	**5**	분량의 재료를 끓여 조림장을 만든다. 끓어오르면 두부, 두릅을 넣는다. 그릇에 담아 그 위에 통깨를 솔솔 뿌려낸다.

두릅의 줄기 쪽
잔가시는 칼로
도려내고 조리해야
먹을 때 찔리지
않는다.

두릅베이컨말이

➥ 준비단계 10분 · 조리시간 15분 ↶

재료
두릅 150g, 베이컨 8줄, 통깨 · 식용유 조금씩

레몬간장 소스 : 간장 · 레몬즙 1큰술씩, 매실청
1작은술

양파크림 소스 : 마요네즈 2큰술, 다진 양
파 · 식초 1큰술씩, 파슬리가루 1/2작은술

COOKING TIP
식빵에 두릅베이컨말이를 얹고 소스를 바른 후
돌돌 말면 색다른 롤샌드위치가 된다.

2

1

3

	두릅은 밑둥을 잘라 깨끗이 손질하고 베이컨은 한 장씩 떼어 놓는다.	**1**	손질한 두릅은 끓는 소금물에 굵기가 가는 것은 30초, 굵은 것은 1분가량 데쳐 찬물에 헹궈 물기를 닦는다.
2	베이컨을 편편이 펴 놓고 그 위에 데친 두릅을 올려 돌돌 말아 이쑤시개로 고정한다.	**3**	그릴 또는 팬을 달군 뒤 베이컨으로 말은 두릅을 가지런히 놓고 2분 정도 구워 통깨를 뿌린다. 소스 재료를 분량대로 섞어 곁들여낸다.

육류요리에
두릅을 곁들이면
콜레스테롤 섭취를
줄일 수 있다.

두릅된장무침

준비단계 15분 · 조리시간 20분

재료
두릅 100g, 죽순 1/2개, 홍고추 1개, 소금 조금

된장 양념
된장 · 매실청 · 생강즙 1큰술씩, 다진 파 · 깨소
금 · 들기름 1/2큰술씩, 다진 마늘 1/2작은술

COOKING TIP
된장 무침에 매실청을 넣으면 짠맛을 줄이면서
된장의 잡맛도 없어진다.

준비하기	통조림 죽순을 이용한다면 흐르는 물에 살짝 헹구어 사용한다.	**1**	두릅은 잔가시를 도려내고 끓는 물에 소금 간해 데친다.	**2**	데친 두릅은 찬물에 헹궈 체에 담아 물기를 빼고 홍고추는 씨를 제거한 뒤 잘게 썬다.
3	죽순은 작게 저며 썰어 끓는 물에서 데친 후 물기를 뺀다.	**4**	분량의 양념 재료를 섞고 들기름을 마지막에 넣어 된장 양념을 완성한다.	**5**	두릅과 죽순, 잘게 썬 홍고추를 넣고 된장 양념으로 버무린다. 양념이 고루 섞이면 그릇에 담아낸다.

연한 줄기는 살짝 데쳐 먹고, 굵은 줄기는 소금물이나 식초물에 삭혀 장아찌나 피클로 담가 먹는다.

마늘쫑장아찌

৪০ 준비단계 20분 · 조리시간 15분 ৫৯

재료
마늘쫑 300g, 마른 고추 1개

장아찌 국물 : 간장 1과1/2컵, 조청 1/2컵, 식초 · 물 1컵씩
식초물 : 물 4컵, 식초 1컵

COOKING TIP
장아찌 국물이 너무 짜지지 않도록 물과 식초를 적절히 넣어준다.

준비하기	분량의 재료를 넣어 장아찌 국물과 식초물을 각각 만들어둔다.	**1**	마늘쫑은 씻어 4cm 길이로 잘라 물기를 뺀다.
		2	①에 물 4컵과 식초 1컵을 섞은 새콤한 식초물을 붓고 3~5일간 삭힌다.
3	마늘쫑을 건져 용기에 담고 마른 고추를 잘라 넣고 장아찌 국물을 붓는다.	**4**	3일 정도 지난 뒤 장아찌 국물만 체에 걸러 냄비에 끓인 후 식힌다.
5	④의 국물을 체에 거른 마늘쫑 위에 붓고 그릇이나 돌로 눌러 익힌다. 장아찌가 익으면 밑반찬으로 장기간 두고 먹는다.		

아스파라거스는
끓는 물에서 살짝
데쳐야 아삭함이
더하다.

아스파라거스베이컨샐러드

준비단계 30분 · 조리시간 25분

재료
아스파라거스 100g, 베이컨 4줄, 드라이토마토
10개, 화이트와인 2큰술, 소금 · 식용유 조금씩

크루통 : 식빵 1장, 올리브유 · 치즈가루 1큰술씩,
다진 마늘 · 파슬리가루 1/2작은술씩

허니레몬 드레싱 : 레몬즙 3큰술, 올리브유 2큰
술, 꿀 1큰술, 파슬리가루 1/3작은술, 소금 · 흰 후
춧가루 조금씩

COOKING TIP
허니레몬 드레싱을 만들 때 레몬즙이 없다면 레
몬식초나 사과식초 등의 과일맛 식초를 넣어도
된다. 올리브유 대신 다진 양파나 다진 사과를 넣
으면 샐러드의 칼로리를 낮출 수 있다.

<table>
<tr><td></td><td>아스파라거스는 필러를 이용해 껍질의 두꺼운 부분을 제거한다. 드라이토마토 대신 말린 자두나 살구를 준비해도 좋다.</td><td>1</td><td>아스파라거스는 굵고 싱싱한 것으로 준비해 단단한 줄기 끝을 필러로 저며낸 뒤 4cm 길이로 썰어 끓는 물에 소금 넣고 데친다.</td><td>2</td><td>드라이토마토는 화이트와인에 10분간 재웠다가 부드러워지면 건진다. 화이트와인 대신 설탕물에 담가 불려도 된다.</td></tr>
<tr><td>3</td><td>뜨겁게 달군 팬에 기름을 조금만 두르고 베이컨을 겹치지 않게 얹어 노릇하게 굽는다.</td><td>4</td><td>식빵은 가장자리를 잘라낸 뒤 사방 1.5cm 크기로 작게 잘라 다진 마늘, 치즈가루, 파슬리가루, 올리브유를 넣어 버무린다.</td><td>5</td><td>밑간한 식빵을 180℃의 오븐에 넣어 10분간 노릇하게 구워낸다.</td></tr>
</table>

21

연한 윗대는
샐러드에 사용하고,
질긴 아랫대는
껍질을 벗겨 구이
등에 사용한다.

아스파라거스감자버무림

준비단계 25분 · 조리시간 30분

재료
아스파라거스 80g, 감자 · 홍파프리카 1개씩, 적
채 2장, 소금 조금

소스
마요네즈 3큰술, 우유 2큰술, 홀그레인머스터드
1/2큰술, 식초 · 설탕 1작은술씩, 소금 · 흰 후춧
가루 조금씩

COOKING TIP
감자는 너무 오래 익히면 쉽게 부서지므로 꼬치
가 들어갈 정도로만 익힌다.

준비하기 아스파라거스는 밑동을 잘라 손질하고 감자는 껍질을 벗겨 길쭉하게 썰어둔다.	**1** 손질한 아스파라거스는 어슷썰어 끓는 물에 소금을 넣고 살짝 데쳐 찬물에 헹군다.
2 썰어둔 감자를 냄비에 담고 자작하게 물을 부어 소금 간한 뒤 삶는다. 감자가 무르게 익으면 체에 건져 놓는다.	**3** 홍파프리카는 씨오 하얀 속살을 제거한 후 사방 2cm 크기로 작게 썬다. 적채도 같은 크기로 썬다. 분량의 양념을 섞어 소스를 만든 뒤 준비한 재료와 버무린다.

22

죽순은 특유의
질감이 살도록
조리시간에 보다
신경 쓴다.

죽순채

৪০ 준비단계 35분 · 조리시간 30분 ৫৭

재료
죽순 2개, 쇠고기 살코기 · 숙주 100g씩, 미나리
30g, 홍고추 · 달걀 1개씩, 소금 · 식용유 조금씩

고기 양념 : 간장 1큰술, 설탕 · 다진 파 · 깨소
금 · 참기름 1작은술씩, 다진 마늘 1/3작은술, 후
춧가루 조금
전체 양념 : 간장 · 식초 1큰술씩, 설탕 · 깨소금 1
작은술씩

COOKING TIP
밀전병을 준비해 그 위에 죽순채를 얹어 먹으면
밀쌈으로 즐길 수 있다.

	죽순은 흐르는 물에 헹구고, 숙주는 머리와 꼬리를 떼어둔다.	**1**	손질한 죽순은 모양대로 얇게 저며 썬다. 달걀은 소금 간해 풀어 체에 내린다.	**2**	쇠고기는 핏물을 제거한 뒤 5cm 길이로 채 썰어 고기 양념에 잰다.
3	숙주는 다듬어 씻고 미나리는 잎을 잘라낸 뒤 4cm 길이로 썬다. 홍고추는 채 썬다.	**4**	끓는 물에 숙주, 미나리, 죽순을 각각 따로 데친 뒤 건진다. 미나리는 찬물에 헹궈 건진다.	**5**	달걀지단을 얇게 부쳐 4cm 길이로 채 썰고, 죽순과 양념한 쇠고기도 센 불에서 재빨리 볶는다. 모든 재료에 전체 양념, 달걀지단을 넣고 섞는다.

23

통조림 죽순을
이용할 때는 반드시
끓는 물에 데친 후
조리해야 아린 맛과
통조림 속 잡맛이
빠진다.

죽순해산물볶음

준비단계 40분 · 조리시간 30분

재료
죽순 2개, 미니갑오징어 · 새우 6마리씩, 불린
해삼 1개, 마늘 3개, 청피망 · 마른 고추 1개씩,
생강 5g, 소금 · 식용유 조금씩

볶음 소스
녹말물 2큰술, 굴소스 · 청주 · 참기름 1큰술씩,
간장 · 설탕 1작은술씩, 물 1/2컵, 후춧가루 조금

COOKING TIP
해삼의 향이 신선하지 않을 때는 저민 파, 저민
생강, 청주 넣은 끓는 물에 데쳐 잡맛을 없애 조
리한다.

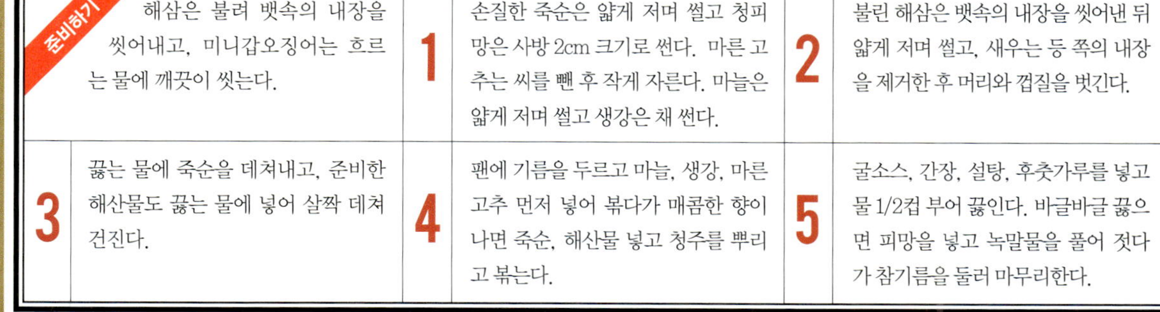

준비하기 해삼은 불려 뱃속의 내장을 씻어내고, 미니갑오징어는 흐르는 물에 깨끗이 씻는다.	**1** 손질한 죽순은 얇게 저며 썰고 청피망은 사방 2cm 크기로 썬다. 마른 고추는 씨를 뺀 후 작게 자른다. 마늘은 얇게 저며 썰고 생강은 채 썬다.	**2** 불린 해삼은 뱃속의 내장을 씻어낸 뒤 얇게 저며 썰고, 새우는 등 쪽의 내장을 제거한 후 머리와 껍질을 벗긴다.
3 끓는 물에 죽순을 데쳐내고, 준비한 해산물도 끓는 물에 넣어 살짝 데쳐 건진다.	**4** 팬에 기름을 두르고 마늘, 생강, 마른 고추 먼저 넣어 볶다가 매콤한 향이 나면 죽순, 해산물 넣고 청주를 뿌리고 볶는다.	**5** 굴소스, 간장, 설탕, 후춧가루를 넣고 물 1/2컵 부어 끓인다. 바글바글 끓으면 피망을 넣고 녹말물을 풀어 젓다가 참기름을 둘러 마무리한다.

24

고사리를 나물로
먹을 땐 식용유에
달달 볶다가 양념을
넣어야 고사리
특유의 비린 맛이
사라진다.

고사리들깨나물

준비단계 20분 • 조리시간 15분

재료
고사리 200g, 홍고추 1개, 쌀뜨물 3컵, 물 1/2컵,
볶은 들깨 3큰술, 들기름 조금

양념
맛국간장 2큰술, 다진 파 · 들기름 1큰술씩, 다진
마늘 1/2작은술

COOKING TIP
말린 고사리를 볶을 때는 물을 보충하고 뚜껑을
덮어 뜸들이듯 익혀야 부드럽게 먹을 수 있다.

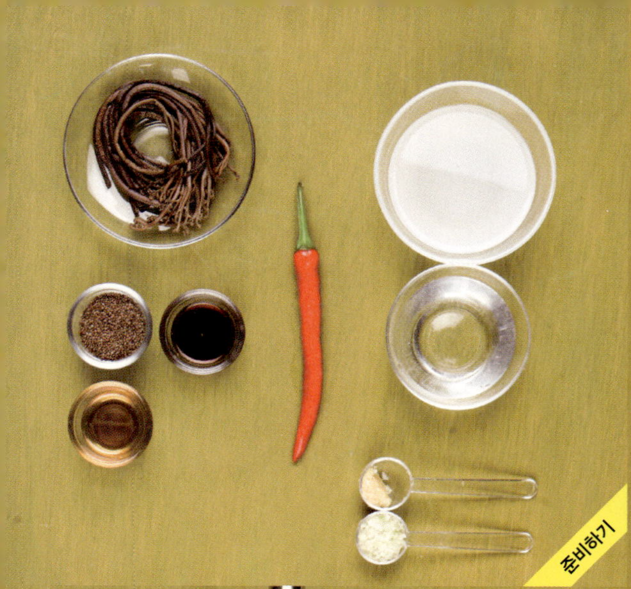

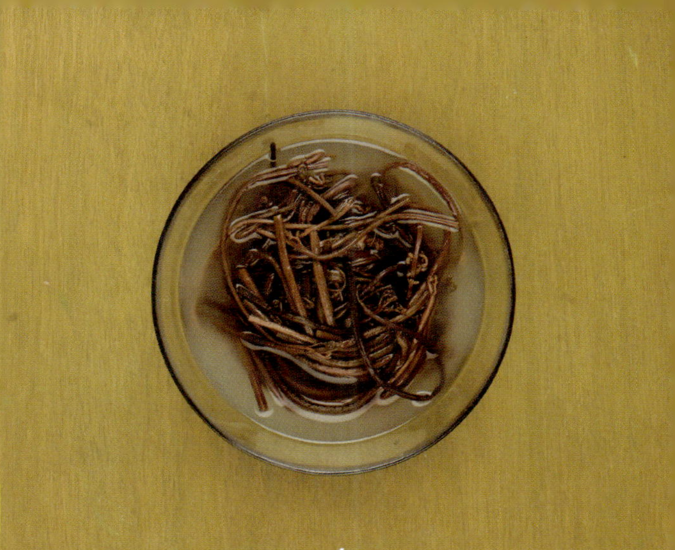

고사리는 뻣뻣한 부분을 제거해 손질하고, 쌀뜨물을 따로 받아 준비해둔다.	**1**	고사리는 6cm 길이로 잘라 쌀뜨물에 담가 잡맛을 뺀다. 홍고추는 반 갈라 씨를 털고 송송 저며 썬다.
2	믹서에 볶은 들깨와 물을 붓고 곱게 갈아 체에 걸러 껍질은 걸러내고 고운 들깨즙을 준비한다. 통들깨는 껍질이 있으므로 믹서에 2~3분 정도 갈아야 먹을 때 입안에 껍질이 남지 않는다.	**3**	냄비에 들기름을 조금 두르고 고사리를 넣고 달달 볶는다. 송송 썬 홍고추와 맛국간장, 다진 파, 다진 마늘을 넣고 들깨즙을 부어 뚜껑을 덮어 뜸들이듯 약불로 익힌다. 고사리가 부드러워지면 들기름을 둘러 완성한다.

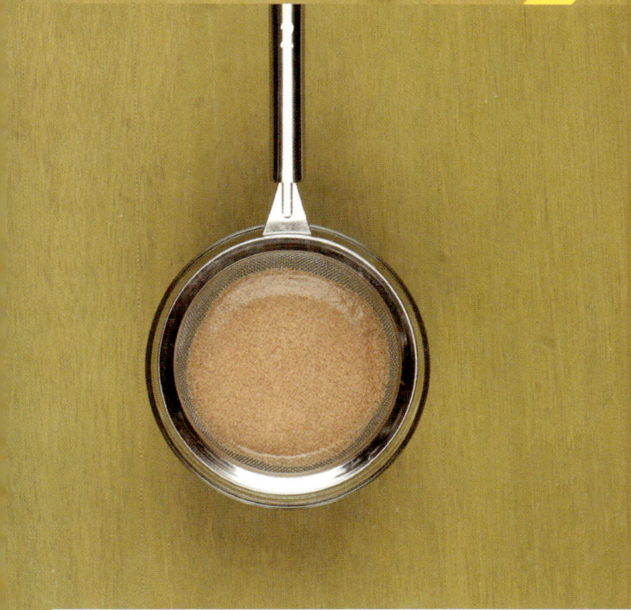

25

고사리로
국물요리를 만들
때는 생강이나
매콤한 양념을
더해야 어울린다.

고사리쇠고기육개장

준비단계 20분 · 조리시간 50분

재료
고사리 100g, 쇠고기 양지 200g, 숙주 70g, 대파
1/2대, 양파 1/6개, 불린 당면 30g

고기 삶을 때 넣을 양념 : 대파 1/2대, 통후추 1작
은술, 물 8컵
무침 양념 : 고춧가루 2큰술, 맛국간장 · 다진 마
늘 · 참기름 1큰술씩, 소금 · 후춧가루 조금씩

COOKING TIP
4인분 이상을 준비한다면 나물과 삶은 고기 양
념 시 고추장 조금과 밀가루 1~2큰술을 더해 버
무려 끓여야 재료들이 국물과 잘 어우러진다.

준비하기	쇠고기는 양지를 준비해 핏물을 빼고, 숙주는 꼬리만 떼어둔다.	**1**	핏물 뺀 쇠고기는 끓는 물 8컵에 대파, 통후추를 넣어 30분간 푹 삶는다. 이때 중불로 뭉근히 끓여야 국물맛이 구수하고 진하다.	**2**	고사리는 6cm 길이로 썰고 양파는 채 썬다. 대파도 6cm 길이로 채 썰고 숙주는 물에 씻어 건진다.
3	국거리 양념 중 고춧가루와 참기름을 으깨어 고추기름을 만들고 나머지 양념을 섞는다.	**4**	준비한 고사리와 데친 대파, 쇠고기를 국거리 양념으로 무쳐 밑 양념이 배게끔 10분 정도 둔다.	**5**	육수에 ④를 넣고 중불로 20분 정도 푹 끓인다. 국자로 떠보아 고사리가 축 늘어질 정도로 익으면 불린 당면을 넣어 잠깐 더 끓인다.

26

껍질콩은 양 끝이
뾰족하고 줄기가
굵고 탄력 있는
것을 고른다.

껍질콩피넛소스무침

◈ 준비단계 15분 · 조리시간 20분 ◈

재료
껍질콩 150g, 슬라이스아몬드 1큰술, 소금 조금

피넛 소스
피넛버터 3큰술, 간장 · 식초 1큰술씩, 올리고
당 · 맛술 1/2큰술씩, 다진 마늘 1/3작은술

COOKING TIP
호밀빵, 바게트 등 빵에 끼워 먹거나 크래커 위에
얹어 카나페로 즐겨도 맛나다.

	시간을 단축하고 싶다면 슬라이스아몬드를 미리 볶아 놓아도 좋다.	**1**	껍질콩은 양 끝 뾰족한 부분을 조금씩 자른다. 그대로 써도 되지만 양 끝을 자르면 요리 완성 시 한결 깔끔하다.	**2**	끓는 물에 소금 넣고 껍질콩 넣어 살짝 데친 후 건져 찬물에 헹궈 건진다.
3	슬라이스아몬드는 팬에 볶는다. 노릇하게 볶아야 고소하다.	**4**	분량의 양념 재료를 섞어 피넛 소스를 만든다.	**5**	데친 껍질콩에 피넛 소스를 올리고 볶은 슬라이스아몬드를 뿌린다.

27

껍질콩의 아삭한 식감을 즐기고 싶다면 끓는 물에 살짝만 데친다.

껍질콩감자버터볶음

෨ 준비단계 20분 · 조리시간 20분 ෨

재료

껍질콩 100g, 감자 1개, 버터 1큰술, 스파이스 카레가루 1/2큰술, 후춧가루 · 소금 조금씩

COOKING TIP

카레가루는 전분기가 있으므로 재료가 익은 마지막 순간에 넣고 볶아야 눌어붙지 않는다.

준비하기	껍질콩은 양 끝을 조금씩 잘라 다듬고, 감자는 껍질을 벗겨둔다.	**1**	손질한 껍질콩을 반 길이로 잘라 끓는 물에 소금 넣어 30초간 데친다.	**2**	감자는 껍질을 벗기고 굵게 채 썰어 끓는 물에 2분간 삶아 건진다. 삶은 감자는 체에 밭쳐 수분을 없앤다.
3	팬에 버터를 넣고 삶은 감자를 넣어 노릇하게 볶는다. 버터를 조금 넣으면 풍미가 더해진다.	**4**	감자가 익으면 껍질콩, 소금, 후춧가루를 넣는다.	**5**	재료들이 익으면 마지막에 카레가루를 넣고 약불로 타지 않게 볶는다.

잎채소

3

유채

'하루나' '겨울초'로도 불리는 나물. 생채, 숙채로 먹기 좋아 다양하게 즐길 수 있다. 잎 모양이 반듯하고 줄기가 곧은 것이 싱싱하다.

다듬기 억센 줄기는 먹기 힘드니 꼼꼼히 자른다.

돌나물

주로 익히지 않고 생채로 먹는데 천연 풀냄새가 강하다. 줄기가 반듯하고 잎 모양이 통통한 것이 수분을 많이 함유하고 있다.

다듬기 오래 손질하면 풋내가 나므로 누런 잎만 떼어낸 뒤 살짝 씻는다.

원추리

망우초로도 불리는 원추리는 살짝 데쳐 무침이나 국으로 끓여 먹는다. 잎이 반듯하게 뻗고 탄력 있는 것이 좋다.

다듬기 지저분한 밑둥을 잘라내고 누런 겉잎은 떼어낸다.

미나리

해산물과 함께 먹으면 식중독을 예방한다. 줄기가 너무 굵지 않으며 초록색 잎이 시들지 않은 것을 고른다.

다듬기 밑동을 한번에 잘라 잎을 쳐낸 뒤 생으로 먹을 때는 물에 담갔다 요리한다.

양상추

알칼로이드 성분이 들어 있어 신경안정에 효과적이다. 들었을 때 속이 꽉 찬 것이 수분이 많고 싱싱하다.

다듬기 가운데 심을 잘라내고 얼음물에 담갔다가 요리한다.

참나물

참나물은 베타카로틴이 풍부해 시력 향상과 치매 예방 효능이 있다. 잎이 작고 줄기가 가늘고 향이 강해야 좋다.

다듬기 줄기 끝을 조금 잘라내 끓는 물에 데쳐 곧장 찬물에 헹궈야 질감이 좋다.

취나물

취나물은 종류만 해도 70여 가지가 넘는 대표적인 산나물이다. 잎은 너무 크지 않고 단단해 보이고 탄력이 있는 것이 좋다.

다듬기 뻣뻣한 줄기를 자르고 흐르는 물에 흔들어 씻는다.

봄동

참기름, 들기름을 넣어 조리하면 영양흡수에 더욱 좋다. 모양이 반듯하고 속은 연한 작은 잎으로 꽉 차 있는 게 신선하다.

다듬기 봄동은 누런 겉잎을 떼어낸 뒤 밑동을 잡고 자른다.

28

쑥은 어리고
부드러울수록 맛과
향이 뛰어나 먹기
좋다.

쑥현미밥

෨ 준비단계 50분 · 조리시간 40분 ඐ

재료
쑥 한 줌(50g), 찰현미 1컵, 멥쌀 1/2컵,
완두콩 1/3컵

들깨장
간장 1과1/2큰술, 들기름 1큰술, 들깨가루
1/2큰술, 다진 홍고추 1작은술

COOKING TIP
찰현미는 충분히 불린 뒤 밥을 지어야 소화가
잘 되고 부드럽다.

준비하기	쑥은 억센 부분을 제거해 손질해 두고 완두콩은 껍질을 벗겨 놓는다.	1	찰현미는 물에 씻은 다음 30분간 불린다. 멥쌀은 물에 씻어 20분간 불린다.
2	쑥은 씻어 물기를 빼놓고 큰 것은 먹기 좋게 썬다. 껍질 벗긴 완두콩은 물에 헹군다.	3	불린 쌀과 현미를 담고 완두콩을 얹어 1.2배의 물을 붓고 밥을 짓는다. 뜸들 때쯤 쑥을 넣고 뚜껑을 닫는다. 한김 오르면 주걱으로 섞어 들깨장 재료를 섞어 밥과 비벼 먹는다.

29

쑥은 오래 삶을수록 질겨지므로 살짝만 데쳐 요리한다.

쑥콩가루된장국

준비단계 20분 · 조리시간 20분

재료
쑥 두 줌(100g), 무 100g, 날콩가루 3큰술, 된장 1과1/2큰술, 홍고추 1/2개

육수
다시마 10cm 길이 1조각, 국물멸치 20g, 물 3컵

COOKING TIP
날콩가루국은 구수하면서도 텁텁할 수 있다. 콩가루 대신 된장만 풀면 개운한 국이 된다. 쑥국은 쑥향이 진하므로 파, 마늘 등의 양념을 넣지 않는다.

준비하기	쑥은 다듬어 씻어 건지고, 국물멸치는 내장을 제거한다.	**1**	다듬은 쑥은 먹기 좋은 크기로 잘라 날콩가루에 고루 버무린다.	**2**	무는 굵게 채 썰고 홍고추는 동글게 저며 썬다.
3	냄비에 물을 붓고 가윗집낸 다시마와 내장을 제거한 국물멸치를 넣어 중불에서 8분간 끓인다. 육수를 낸 뒤 건더기는 건진다.	**4**	육수에 ②의 채 썬 무를 넣어 한소끔 끓인다.	**5**	된장을 풀고 쑥, 홍고추를 넣어 잠깐 끓인다. 오래 끓이면 쑥의 향이 덜하니 살짝 끓여 식탁에 올린다.

30

쑥향이 너무
강하게 느껴진다면
쑥을 끓는 물에
데쳐 찬물에 헹궈
사용한다.

쑥고구마크로켓

❧ 준비단계 25분 · 조리시간 25분 ❧

재료
쑥 한 줌(50g), 고구마 2개, 호두 6개,
빵가루 1컵, 밀가루 1/4컵, 달걀 1개, 생크림
1큰술, 튀김기름 · 설탕 1작은술씩, 소금 조금

복분자요구르트 소스
플레인 요구르트 1통, 복분자 · 꿀 1큰술씩

COOKING TIP
튀김요리인 크로켓은 과일주스나 허브차,
생강차 등과 곁들이기 좋다.

준비하기 쑥은 억센 입을 떼고 호두는 팬에 살짝 볶아 떫은맛을 없애둔다.	**1** 손질한 쑥은 끓는 물에 소금을 넣어 살짝 데쳐 헹궈 물기를 짜 잘게 다진다. 호두도 잘게 다진다.	**2** 고구마는 껍질을 벗겨 썰어 냄비에 물을 부어 무르게 삶는다. 삶아지면 남은 물 따라낸 뒤 매시어로 으깬다.
3 으깬 고구마에 다진 쑥과 생크림을 넣고 설탕과 소금으로 간한다. 마지막에 호두를 섞어 한 덩어리로 반죽한다.	**4** ③의 반죽을 동글게 빚어 밀가루, 달걀물, 빵가루 순으로 묻힌다.	**5** 180℃로 끓인 기름에 ④를 넣어 노릇하게 튀긴다. 플레인 요구르트에 꿀과 복분자를 섞은 소스를 만들어 쑥고구마크로켓을 찍어 먹는다.

31

양상추는 잎 자체가
연해 센 불에서
재빨리 볶아내야
물렁해지지 않는다.

양상추굴소스쇠고기볶음

준비단계 20분 · 조리시간 20분

재료
양상추 1/3통, 쇠고기 등심(저민 것) 150g,
대파 1/3개, 마른 고추 1개, 마늘 2개, 설탕
1작은술, 소금 · 파슬리가루 · 식용유 조금씩

고기 밑간 : 청주 1큰술, 간장 · 녹말가루 1작은술
씩, 소금 · 후춧가루 조금씩
볶음 소스 : 굴소스 · 청주 · 물녹말 1큰술씩,
물 1/3컵

COOKING TIP
고기에 양상추를 곁들여 먹으면 양상추의
부드러움과 고기의 식감이 잘 어우러진다.

준비하기 쇠고기 등심은 핏물을 제거하고, 양상추는 가운데 심을 잘라낸다.	**1** 양상추는 한 잎씩 벗긴 후 큼직하게 뜯고 대파는 채 썰고 마늘은 얇게 저며 썬다. 마른 고추는 씨를 털어내고 작게 자른다.	**2** 핏물 제거한 쇠고기는 간장, 청주, 소금, 후춧가루, 녹말가루 넣어 밑간한다.
3 달군 팬에 식용유를 살짝 둘러 양상추와 설탕 1작은술, 소금을 넣고 센불에서 볶아 덜어둔다. 쇠고기도 육즙이 나오지 않게 따로 볶는다.	**4** 팬에 식용유를 넣고 마른 고추, 대파, 마늘 썬 것 넣어 볶다가 굴소스와 청주, 물을 넣어 끓여 녹말물을 푼다. 걸쭉해지면 볶은 쇠고기를 넣는다.	**5** ④에 미리 볶아둔 양상추를 넣어 버무린다. 그릇에 덜어낸 뒤 파슬리가루를 솔솔 뿌린다.

+

32

봄동은 모양이
바르고 속이 여린
잎으로 꽉 차 있는
것을 고른다.

봄동쇠고기국

જ준비단계 15분 · 조리시간 20분 ભ

재료
봄동 80g, 쇠고기 양지 100g, 대파 1/4대, 다시
마 10cm 길이 1조각, 물 3과1/2컵, 맛국간장 1큰
술, 참기름 1작은술, 다진 마늘 1/2작은술, 후춧가
루 · 소금 조금씩

COOKING TIP
담백한 맛을 원한다면 국간장으로, 구수한 맛을
원한다면 된장으로 맛낸다.

 준비하기 봄동 겉면의 누런 잎을 떼고 밑동을 제거한다.	**1** 봄동은 4cm 길이로 길쭉하게 먹기 좋게 썬다. 대파는 어슷하게 썬다.	**2** 쇠고기는 핏물을 제거한 뒤 얇게 저며 썰어 참기름과 후춧가루로 밑간한다.
3 냄비에 기름 없이 밑간한 고기만 넣어 달달 볶는다.	**4** ③에 물 3과1/2컵을 붓고 가윗집낸 다시마를 넣어 중불로 뭉근하게 10분간 끓인다.	**5** 쇠고기가 부드럽게 익으면 다시마는 건지고 봄동, 다진 마늘, 대파를 넣어 좀 더 끓인다. 맛국간장과 소금으로 간을 한다.

33

봄동은 작고 연한 잎일수록 겉절이를 했을 때 질기지 않고 아삭함이 더하다.

봄동겉절이

준비단계 15분 · 조리시간 10분

재료
봄동 100g, 오이 1/2개

겉절이 양념
풋고추 1개, 식초 2큰술, 고춧가루 · 맑은 액젓 · 참기름 1큰술씩, 설탕 · 깨소금 1/2큰술씩, 다진 마늘 1작은술

COOKING TIP
봄동겉절이에 달래, 부추 등을 함께 넣고 버무려도 맛있다.

봄동은 밑동을 제거하고 오이는 다듬어 흐르는 물에 깨끗이 씻는다.	**1** 봄동은 큰 잎은 먹기 좋게 손으로 자른다. 오이는 어슷하게 저며 썬다. 단맛이 많은 봄동과 상큼하고 시원한 오이는 서로 궁합이 잘 맞는 채소다.
2 풋고추는 꼭지를 떼고 반 갈라 씨를 제거한 뒤 가늘게 채 썰고 다시 송송 썬다. 풋고추를 다질 때는 칼 끝에 힘을 줘 썰면 보다 쉽게 다져진다.	**3** 봄동, 오이, 송송 썬 풋고추를 한데 담고 참기름을 제외한 분량의 양념을 넣어 무친다. 참기름을 둘러 살살 버무려 접시에 낸다.

+

취나물은 연한
녹색일수록 식감이
부드럽고 향이
좋다.

취나물돼지고기롤

🔊 준비단계 30분 · 조리시간 20분 ❧

재료

취나물 두 줌(100g), 돼지고기 목등심 100g, 당근
1/4개, 노랑파프리카 1개, 녹말가루 1큰술, 참기름
1/2큰술, 소금 · 후춧가루 · 식용유 조금씩

돼지고기 밑간 : 생강즙 1큰술, 후춧가루 조금

소스 : 간장 1과1/2큰술, 맛술 · 물녹말 1큰술씩,
올리고당 1/2큰술, 통후추 5알, 물 2/3컵

COOKING TIP

롤을 만들 때 돼지고기는 넓적하게 붙여야 구웠
을 때 채소 속이 빠져나오지 않는다.

준비하기 취나물은 물에 흔들어 씻고, 물에 녹말가루를 섞어 물녹말을 만든다.	**1** 취나물은 끓는 물에 소금을 넣어 작은 잎은 30초간, 큰 잎은 1분간 데쳐 찬물에 헹궈 물기를 짠다.	**2** 당근은 껍질의 흠집만 도려낸 뒤 7cm 길이로 채 썰고, 노랑파프리카는 하얀 속살을 도려낸 뒤 7cm 길이로 채 썬다.
3 밑간한 돼지고기 위에 녹말가루를 체에 내려 고루 뿌린다. 체를 이용하면 녹말가루가 한쪽으로 뿌려지는 것을 막을 수 있다.	**4** ③ 위에 채 썬 당근과 파프리카, 무친 취나물을 얹고 돌돌 말아 이쑤시개로 꽂아 롤을 만든다. 롤은 팬에 식용유를 살짝 넣고 노릇하게 구워낸다.	**5** 냄비에 소스 재료를 분량대로 넣어 끓이다가 노릇하게 구운 롤을 넣고 조린다. 소스가 자작해지면 물녹말을 풀어 걸쭉한 농도와 윤기를 낸다.

취나물이 너무
억세다면 팬에 물
3큰술 넣고 뚜껑을
덮어 잠시 뜸들이듯
익힌다.

취나물볶음

준비단계 15분 · 조리시간 20분

재료
취나물 두 줌(100g), 홍고추 1개, 맛국간장 2큰술,
다진 파 · 들기름 1큰술씩, 깨소금 1/2큰술, 다진
마늘 1/2작은술, 소금 조금

COOKING TIP
나물을 데칠 때는 냄비 뚜껑을 열고 소금을 넣고
데쳐야 비타민C 파괴도 덜고 산화작용도 막아
푸른색을 유지할 수 있다.

준비하기	취나물과 채소를 손질한다. 취나물을 나물로 먹을 때는 억세고 큰 잎보다는 어린 잎을 골라야 그 맛이 좋다.	**1**	다듬은 취나물은 끓는 물에 소금을 넣고 살짝 데쳐 찬물에 헹군 뒤 면보에 올려 물기를 짠다.
2	데친 취나물에 맛국간장, 다진 파, 다진 마늘, 깨소금, 들기름을 넣고 무친다. 홍고추는 씨를 뺀 뒤 다져 넣는다.	**3**	팬에 양념한 취나물을 넣어 볶는다. 마지막에 들기름을 살짝 넣으면 구수한 풍미가 더해진다. 취나물의 향이 살도록 살짝만 볶아 그릇에 담아낸다.

+

36

취나물은 생으로
먹기보다는 찌거나
끓는 물에 살짝
데쳐서 조리한다.

취나물밥

৪০ 준비단계 25분 · 조리시간 40분 ৫৪

재료
취나물 두 줌(100g), 치자 1개, 쌀 1과1/2컵,
맛국간장 1큰술, 들기름 · 소금 조금씩

고추지 양념
다진 풋고추장아찌 · 장아찌 국물 2큰술씩,
다진 홍고추 · 깨소금 · 들기름 1작은술씩

COOKING TIP
나물밥은 나물에서 수분이 생기므로 보통
밥 지을 때보다 밥물을 적게 부어야 질지 않다.

<table>
<tr><td>**준비하기**</td><td>취나물은 뻣뻣한 줄기를 자르고, 풋고추장아찌와 홍고추는 다져둔다.</td><td>**1**</td><td>쌀은 물에 씻어 20분간 불린 뒤 체에 건져 물기를 뺀다.</td><td>**2**</td><td>취나물은 씻어 소금 넣은 끓는 물에 살짝 데쳐 찬물에 헹군 뒤 물기를 짜 맛국간장으로 무친다.</td></tr>
<tr><td>**3**</td><td>물 1컵에 치자를 반 잘라 넣어 노란 치자물을 만든다. 치자물은 쌀 부피의 1배 정도 넣어야 밥이 질지 않다.</td><td>**4**</td><td>밥솥에 들기름을 두르고 불린 쌀을 넣어 달달 볶다가 치자물을 붓고 양념한 취나물을 얹어 밥을 짓는다.</td><td>**5**</td><td>분량의 양념을 섞어 고추지 양념장을 만든다. 취나물밥에 준비한 고추지 양념장을 뿌려 비벼 먹는다.</td></tr>
</table>

+

37

원추리는 국물에
오래 넣고 끓이면
영양 손실이
커지므로 살짝만
끓여낸다.

원추리국

⋙ 준비단계 15분 · 조리시간 15분 ⋘

재료
원추리 한 줌(60g), 바지락 150g, 된장 2큰술,
다진 마늘 1/3작은술, 소금 조금

육수
북어머리 1개, 다시마 10cm 길이 1조각, 물 3컵

COOKING TIP
봄나물로 국을 끓일 때는 파와 마늘을 넣지 않거
나 조금만 넣어야 나물 본래의 맛을 살릴 수 있다.

준비하기 원추리는 누런 겉잎을 떼어내고, 바지락은 옅은 소금물에 담가 해감한다.	**1** 원추리는 씻어 건지고, 해감한 바지락은 비벼 씻어 불순물을 없앤다.	**2** 다시마는 끓였을 때 국물이 더욱 진하게 우러나도록 가윗집을 내고 북어머리는 씻는다.
3 냄비에 ②를 넣고 물 3컵을 부어 중불로 뭉근하게 8분간 끓인 뒤 건더기를 건진다.	**4** ③의 육수에 된장을 풀고 바지락과 다진 마늘을 넣어 끓인다.	**5** 바지락이 익어 입을 열면 원추리를 넣고 좀 더 끓인다. 한소끔 끓으면 그릇에 덜어낸다.

38

원추리의 맛과 향을 즐기려면 마늘, 파, 생강 등 향이 진한 양념을 적게 넣어 요리한다.

원추리숙주무침

준비단계 15분 · 조리시간 15분

재료
원추리 두 줌(120g), 숙주 150g, 실고추 · 소금 조금씩

양념
맛국간장 · 참기름 1큰술씩, 깨소금 1/2큰술, 다진 파 1작은술, 다진 마늘 1/2작은술

COOKING TIP
숙주는 비린내가 나지 않을 정도로 살짝만 삶아야 아삭하다.

준비하기 원추리는 지저분한 밑동을 자르고 숙주는 긴 꼬리 부분을 떼어 둔다.	**1** 원추리는 끝 부분만 칼로 잘라낸 뒤 씻어 체에 건져 물기를 뺀다.		**2** 숙주는 다듬어 씻고, 실고추는 짧게 자른다.
3 끓는 물에 소금을 넣은 뒤 숙주를 넣고 데쳐 찬물에 헹궈 건진다.	**4** 끓는 물에 소금을 넣어 원추리를 데친 뒤 찬물에 헹궈 물기를 짠다.		**5** 데친 숙주와 원추리를 한데 담아 실고추와 양념을 넣어 살살 무친다. 양념이 고루 배면 그릇에 담아낸다.

39

국물요리에서
참나물 특유의 향을
즐기려면 먹기
직전에 넣어 살짝
익혀 먹는다.

참나물돼지고기샤브샤브

ஐ 준비단계 30분 · 조리시간 20분 ☙

재료
참나물 두 줌(100g), 돼지고기 목살(샤브샤브용)
300g, 숙주 · 느타리버섯 100g씩, 배추 3장,
양파 1/2개, 대파 1/2대

샤브샤브 국물 : 국물멸치 20g, 가츠오부시
1/2컵, 다시마 5cm 길이 1조각, 물 5컵, 된장 ·
맛술 1큰술씩, 생강 3g, 다진 마늘 1/2작은술
땅콩 소스 : 간장 · 식초 · 생수 2큰술씩,
땅콩버터 1큰술, 올리고당 1작은술

COOKING TIP
샤브샤브 국물을 낼 때는 반드시 고운 체로
걸러야 국물맛이 개운하다.

준비하기	국물용 멸치는 내장을 제거하고 숙주는 긴 꼬리를 잘라둔다.	**1**	냄비에 물을 붓고 내장을 제거한 멸치, 다시마를 넣어 중불로 10분간 끓인다.	**2**	가츠오부시를 넣고 불을 끈 채 5분간 두어 맛이 우러나면 고운 체에 거른다.
3	참나물은 4cm 길이, 배추는 큼직하게, 양파는 1cm 두께로 썬다. 느타리버섯은 가늘게 찢고 대파는 채 썰고 생강은 저민다.	**4**	②의 육수에 된장, 다진 마늘, 저민 생강을 넣어 끓인다.	**5**	분량의 재료를 잘 섞어 땅콩 소스를 만든다. 샤브샤브 국물을 끓여 준비한 돼지고기와 채소를 익혀 준비한 땅콩 소스에 찍어 먹는다.

40

줄기가 가는
참나물은 데치는
시간에 주의한다.
살짝만 데쳐야
물렁해지지 않는다.

참나물무침

℘ 준비단계 15분 · 조리시간 15분 ℘

재료
참나물 두 줌(100g), 홍고추 1개, 소금 조금

양념
된장 · 다진 파 · 참기름 1큰술씩,
깨소금 1/2큰술, 조청 1작은술,
다진 마늘 1/2작은술

COOKING TIP
된장에 조청을 넣고 저어주면 된장의 짠맛이 덜
하다. 조갯살, 새우살을 살짝 데쳐 참나물과 함께
무쳐도 맛있다.

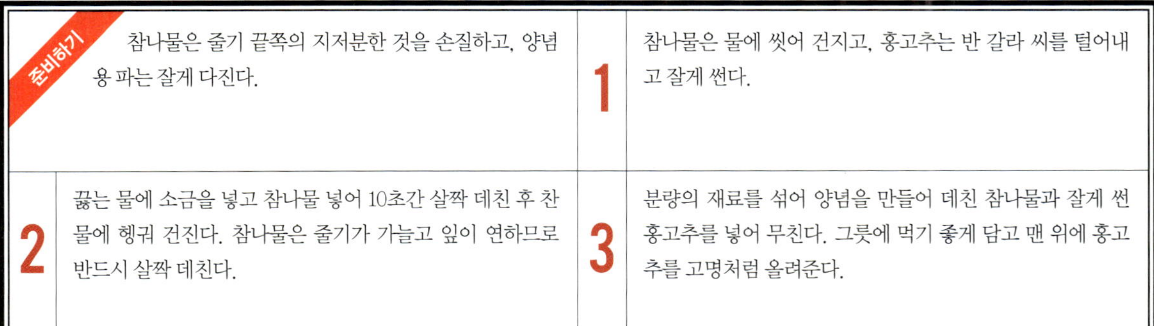

준비하기 참나물은 줄기 끝쪽의 지저분한 것을 손질하고, 양념용 파는 잘게 다진다.	**1** 참나물은 물에 씻어 건지고, 홍고추는 반 갈라 씨를 털어내고 잘게 썬다.
2 끓는 물에 소금을 넣고 참나물 넣어 10초간 살짝 데친 후 찬물에 헹궈 건진다. 참나물은 줄기가 가늘고 잎이 연하므로 반드시 살짝 데친다.	**3** 분량의 재료를 섞어 양념을 만들어 데친 참나물과 잘게 썬 홍고추를 넣어 무친다. 그릇에 먹기 좋게 담고 맨 위에 홍고추를 고명처럼 올려준다.

41

미나리의 연한
줄기는 생으로 먹고
억세고 굵은 줄기는
전이나 국, 찌개
등에 넣어 먹는다.

미나리해물전

⃀ 준비단계 30분 · 조리시간 20분 ⃁

재료
미나리 한 줌(100g), 홍합살 · 새우살 1/2컵씩,
오징어 1/2마리, 홍고추 1개, 소금 · 식용유
조금씩

부침 반죽 : 밀가루 · 멥쌀가루 1/2컵씩,
달걀 1개, 물 1과1/2컵, 소금 조금
초간장 : 간장 2큰술, 식초 · 생수 1큰술씩,
다진 실파 1작은술

COOKING TIP
부침 반죽에 멥쌀가루를 섞으면 구수한 맛이
더해진다.

준비하기	미나리는 불순물을 제거하고, 오징어는 껍질 벗긴다. 분량의 재료를 섞어 초간장도 만든다.	**1**	미나리는 다듬어 씻어 10cm 길이로 자른다. 홍고추는 반 갈라 씨를 털어 낸 후 채 썬다.	**2**	껍질 벗긴 오징어는 4cm 길이로 채 썬다. 홍합살은 수염을 자르고, 새우 살과 함께 옅은 소금물에서 헹궈 건진다.
3	밀가루, 멥쌀가루, 달걀, 소금, 물 1과1/2컵을 넣고 거품기로 저어 약간 되직한 반죽을 만든다.	**4**	부침 반죽에 미나리, 채 썬 홍고추를 섞는다.	**5**	식용유를 두른 팬에 미나리를 가지런히 놓고 해물을 반죽에 버무려 얹은 후 앞뒤로 노릇하게 지진다.

42

미나리를 오래
익히면 특유의
상큼함이 줄고
식감이 질겨진다.

미나리오징어초회

☙ 준비단계 30분 · 조리시간 20분 ❧

재료
미나리 30g, 오징어 1마리, 무순 10g, 노랑 ·
홍파프리카 1/2개씩, 소금 조금

유자초 고추장
고추장 2큰술, 2배 식초 · 유자청 1큰술씩,
깨소금 1작은술

COOKING TIP
접시에 색을 맞춰 재료를 담아 즉석에서 초고추
장으로 버무리면 초회무침이 된다.

미나리는 밑동을 잘라 깨끗이 손질하고, 오징어는 껍질을 벗겨 둔다.	**1** 노랑·홍파프리카는 씨와 속살을 제거한 뒤 6cm 길이로 채 썰고, 무순은 물에 씻어 건진다.	**2** 손질한 미나리는 소금을 넣은 끓는 물에 데쳐 찬물에 헹궈 건진 뒤 물기를 뺀다.
3 껍질 벗긴 오징어는 끓는 물에 넣어 데쳐 1cm × 6cm로 썬다.	**4** 오징어, 무순, 파프리카를 조금씩 잡고 미나리로 돌돌 말아준다.	**5** 분량의 양념을 섞어 유자초고추장을 만든다. 미나리오징어 초회에 유자초고추장을 곁들여 찍어 먹는다.

43

겉절이용 유채는 잎이 연한 것으로 고른다. 단단한 잎은 끓는 물에 데쳐 나물무침으로 먹는다.

유채오이겉절이

준비단계 15분 · 조리시간 15분

재료
유채 한 줌(100g), 오이 · 홍파프리카 1/2개씩, 소금 조금

겉절이 양념
맛국간장 1과1/2큰술, 고춧가루 · 깨소금 · 식초 1큰술씩, 설탕 1/2큰술, 참기름 1작은술, 다진 마늘 1/2작은술

COOKING TIP
맛국간장 대신 액젓으로 무쳐도 감칠맛을 낼 수 있다.

준비하기	유채는 억센 줄기를 잘라 손질하고, 오이는 소금에 문질러 씻는다.	**1**	유채는 어리고 연한 잎으로 준비해 물에 씻어 채반에 건져 물기를 완전히 뺀 다음 6cm 길이로 썬다.
2	오이는 반 갈라 어슷하게 썰고 홍파프리카는 속의 씨와 하얀 살을 도려낸 뒤 채 썬다.	**3**	준비한 유채와 오이, 홍파프리카를 한데 담고 분량의 양념으로 가볍게 무쳐낸다. 먹기 직전에 즉석에서 무쳐내야 물이 생기지 않고 맛도 좋다.

44

돌나물은 칼을
대면 잎과 줄기가
쉽게 물러지므로
손으로 다듬는다.

돌나물배물김치

꽁 준비단계 20분 · 조리시간 20분 ဢ

재료
돌나물 두 줌(100g), 배 1/2개, 홍고추 1개,
대파 1/4대, 마늘 2개, 생강 3g, 소금 조금

김치 국물
밥 · 고춧가루 3큰술씩, 홍고추 썬 것 1개,
생수 4컵, 매실청 1큰술, 소금 조금

COOKING TIP
물김치에 넣어 먹을 때는 살짝 익혀야 돌나물의
제 맛을 느낄 수 있다.

준비하기 돌나물은 누런 잎만 떼어내고, 국물용 홍고추는 잘게 채썬다.	**1** 돌나물은 물에 씻어 건진다. 돌나물 길이가 길 경우엔 칼을 대지 않고 손으로 작게 뚝뚝 자른다.	**2** 배는 껍질 벗긴 뒤 작게 나박썰기한다. 홍고추는 동글게 썬다.
3 대파와 마늘, 생강은 각각 적당한 길이로 채 썬다.	**4** 밥에 생수 1컵을 붓고 끓인 뒤, 믹서에 생수 3컵, 고춧가루, 썰어둔 홍고추와 함께 넣어 곱게 간 다음 체에 걸러 맑은 국물만 받는다.	**5** 김치 통에 준비한 재료를 넣어 살살 버무려 담고 ④의 김치 국물을 붓는다. 매실청과 소금으로 간해 실온에서 1일 익힌 뒤 냉장고에 두고 먹는다.

생합

크기에 따라 소합 · 중합 · 대합으로 나뉘며, 소합과 중합은 맑은 국물을 낼 때, 대합은 찌개나 매운탕 요리에 적당하다.

다듬기 어둡고 시원한 곳에서 소금물에 20분가량 담가 해감한다.

바지락

큼직하고 껍질이 짙은 회색을 띤 것이 좋은 바지락이다. 국물이 시원하고 감칠맛이 나 특히 면 요리와 궁합을 잘 이룬다.

다듬기 맑은 물이 나올 때까지 깨끗이 닦은 뒤 소금물에 담가 접시나 신문지로 덮어 해감시킨다.

가리비

지방질이 적고 맛이 담백해 양념을 최소화한 조리법이 알맞다. 표면이 거칠고 손으로 눌렀을 때 입을 딱 다무는 것이 좋다.

다듬기 소금물에 해감한 뒤 솔로 껍질을 빡빡 문질러 씻은 후 숟가락으로 입을 벌려 내장 부분만 긁어낸다.

재첩

민물에서 사는 재첩은 덮밥. 무침, 전, 국 등에 다양하게 이용된다. 껍질이 반질반질 광택이 나는 것이 신선하다.

다듬기 맹물에 담가 불순물과 해감을 토하게 한 뒤 흐르는 물에 씻는다.

키조개

저칼로리 식품으로 동맥경화와 빈혈 예방에 효과적이며, 입이 꽉 다물어져 있고 열었을 때 조개관자가 굵은 것을 고른다.

다듬기 키조개는 칼로 반 갈라 수저로 조갯살을 떼낸 뒤 주황색의 내장을 잘라낸 뒤 조리한다.

모시조개

조개 중 가장 비린 맛이 적어 맑은탕 국물내기에 좋다. 껍질이 흰색과 회색으로 선명히 나뉘어진 것이 좋다.

다듬기 옅은 소금물에 담가 신문지를 덮어 해감한 뒤 껍질을 비벼 씻는다.

피조개

철분 함유량이 시금치의 1.4배에 달해 빈혈 예방과 원기회복에 좋다. 껍질에 검은 털이 많고 육질이 선명한 붉은색인 것이 신선하다.

다듬기 다소 진한 소금물에 씻은 뒤 찬물에 한 번 더 헹군다. 끓는 물에 살짝 익혀 붉은 액을 씻어낸 뒤 살을 떼어낸다.

참소라

타우린이 풍부해 성인병 예방에 효과적이며, 들었을 때 묵직하고 껍질이 두툼하고 살이 탄력 있는 게 신선하다.

다듬기 옅은 소금물에 담가 솔로 껍질과 표면에 드러난 살의 불순물을 씻는다.

45

부드럽고 담백한 모시조개는 비린 맛도 덜해 맑은 국물 내기에 적당하다.

모시조개맑은탕

준비단계 30분 · 조리시간 20분

재료

모시조개 300g, 무 100g, 쑥갓 30g, 대파 1/4대, 홍고추 1개, 마늘 2쪽, 생강 3g, 다시마 10cm 길이 1조각, 소금 조금

COOKING TIP

모시조개가 덜 신선할 때는 국물 끓일 때 청주 1큰술을 넣으면 잡냄새가 가신다.

모시조개는 옅은 소금물에 20분간 담가 해감하고, 쑥갓은 지저분한 잎을 정리한다.	**1** 해감한 모시조개는 찬물에 여러 번 비벼 씻어 건진다.	**2** 무는 나박나박 얇게 썰고 쑥갓은 짧게 자른다. 대파, 홍고추는 어슷 썬다. 마늘은 저며 썰고, 생강은 채 썬다.
3 냄비에 무, 모시조개, 가윗집낸 다시마를 넣고 물 2컵을 부어 끓인다.	**4** 조개가 익어 벌어지면 다시마는 건지고 저민 마늘과 생강 채, 홍고추를 넣어 끓인다.	**5** 소금으로 간 맞춘 뒤 대파와 쑥갓을 넣어 한 번 더 끓인다. 쑥갓은 먹기 직전에 넣어야 향긋한 향이 산다.

46

모시조개는 끓는
물에 너무 오래
익히면 조갯살이
질겨진다.

모시조개와인찜

꾀 준비단계 30분 · 조리시간 20분 ∽

재료
모시조개 600g, 백포도주 1/2컵, 레몬 1/2개,
마른 고추 2개, 마늘 4개, 소금 · 통후추 ·
올리브유 조금씩

COOKING TIP
화이트와인 대신 생강즙을 넣어도 조개의
잡맛을 없앨 수 있다.

준비하기	레몬은 조각을 내거나 즙을 낸다. 매콤한 맛을 원한다면 마른 고추씨는 버리지 말고 요리에 넣는다.	**1**	모시조개는 옅은 소금물에 담가 20분간 해감한 뒤 비벼 씻어 건진다.	**2**	마른 고추는 작게 자르고 마늘은 저며 썬다.
3	오목한 팬에 올리브유를 조금 두르고 준비한 마른 고추와 마늘을 넣고 볶아 향을 낸다.	**4**	③에 모시조개를 넣고 화이트와인을 부어 입이 벌어질 때까지 볶는다.	**5**	뚜껑을 덮어 조개가 입을 완전히 열 때까지 익힌다. 소금, 통후추로 간한 뒤 그릇에 담아 레몬 조각을 곁들이거나 레몬즙을 뿌리면 향긋하다.

47

바지락은 국물이 시원하고 감칠맛이 나 국물요리에 적당하다. 소량만 넣어도 진한 맛과 풍미를 낸다.

바지락소면

준비단계 30분 · 조리시간 30분

재료
바지락 400g, 소면 150g, 숙주 · 삼겹살 샤브샤브용 100g씩, 참나물 30g, 대파 1/3대, 홍고추 1개, 청주 1/2큰술, 다진 마늘 1/2작은술, 소금 조금

육수
다시마 10cm 길이 1조각, 간장 1/2큰술, 혼다시 분말 1작은술, 소금 조금

COOKING TIP
조개는 찬물에서부터 함께 넣고 끓여야 서서히 물에 우려지면서 깊은 국물맛이 난다.

준비하기 숙주와 참나물은 다듬고, 다시마는 가윗집을 낸다.	**1** 바지락은 옅은 소금물에 담가 신문지를 덮어 어둡고 서늘한 곳에 20분간 두어 해감한 뒤 비벼 씻는다.	**2** 다듬은 숙주는 그대로 씻어 건지고 참나물과 얇게 저민 삼겹살은 각각 5cm 길이로 잘라둔다. 대파, 홍고추는 얇게 저며 썬다.
3 끓는 물에 삼겹살을 넣어 슬쩍 데쳐 건진다. 돼지고기 특유의 누린 맛이 사라져 국물도 한결 담백해진다. 고기 삶은 물은 버린다.	**4** 냄비에 찬물 4컵을 붓고 가윗집낸 다시마와 바지락을 넣어 끓인다. 국물이 끓으면 다시마는 건지고 혼다시 분말과 청주로 맛을 낸다.	**5** ④에 데친 삼겹살, 숙주, 참나물을 넣는다. 다음 대파, 홍고추, 간장, 소금 간하여 후루룩 끓인다.

바지락살전

준비단계 20분 · 조리시간 25분

재료
바지락 살 1컵, 부침가루 2/3컵, 당근 1/4개,
실파 20g, 물 1/2컵, 소금 · 식용유 조금씩

초간장
간장 2큰술, 식초 · 생수 1큰술씩, 다진 실파 조금

COOKING TIP
바지락 살의 물기를 쪽 뺀 뒤 반죽에 넣어야 전
을 지질 때 기름이 튀지 않는다.

준비하기	바지락 살은 여러번 깨끗이 닦고 실파는 밑동을 잘라 손질한다.	**1**	바지락 살은 옅은 소금물에 담가 살살 흔들어 씻어 건져 물기를 뺀다.	**2**	당근은 너무 굵지 않게 1cm 길이로 채 썰고 실파도 다듬어 1cm 길이로 썬다.
3	부침가루에 분량의 물을 붓고 갠 다음 바지락 살과 채 썬 당근, 실파를 섞는다.	**4**	팬에 식용유를 둘러 달군 뒤 ③의 반죽을 한 수저씩 떠서 얇게 펴 노릇하게 부친다.	**5**	간장과 식초, 다진 실파와 물을 섞어 초간장을 만든다. 노릇하게 부쳐낸 전에 곁들여낸다.

49

생합은 다른 조개에 비해 껍질이 두툼해 국물요리에 넣으면 시원한 맛을 더한다.

생합매운탕

〰 준비단계 30분 · 조리시간 25분 〰

재료
생합 400g(중간 크기의 중합), 무 100g, 새송이 버섯 2개, 미나리 30g, 대파 1/2대, 청 · 홍고추 1개씩, 다시마 10cm 길이 1조각, 소금 조금

양념
고춧가루 · 맛국간장 1큰술씩, 고추장 · 다진 마늘 1작은술씩, 다진 생강 1/3작은술

COOKING TIP
중합은 껍질이 두툼해 국물을 우려내면 그 맛이 깊고 진하다. 고추장, 고춧가루를 풀지 않고 맑은 탕으로 끓여도 맛나다.

준비하기 생합(중합)은 20분간 소금물에 담가 해감하고, 미나리는 잎을 떼고 줄기 부분만 고른다.	**1** 옅은 소금물에 해감한 생합은 깨끗한 물에 비벼 씻는다.	**2** 무는 나박나박 썰고 미나리는 대만 4cm 길이로 썬다. 새송이버섯과 대파, 청·홍고추는 각각 저며 썬다.
3 냄비에 물 2와1/2컵을 붓고 가윗집 낸 다시마, 무, 생합을 넣어 끓인다.	**4** 국물이 끓으면 다시마는 건지고 새송이버섯을 넣은 뒤 분량의 재료를 섞은 양념을 푼다.	**5** 한소끔 끓으면 다진 마늘, 다진 생강, 미나리, 저며 썬 대파와 청·홍고추를 넣어 좀 더 끓인다. 미나리가 살짝 익으면 불을 끈다.

50

재첩은 알이 작은 조개지만 민물에서 살아 이물질이 많은 편이다.

재첩부추탕

준비단계 30분 · 조리시간 15분

재료
재첩 300g, 부추 40g, 홍고추 1개, 맛술 · 다진 마늘 1작은술씩, 다진 생강 1/2작은술, 다시마 10cm 길이 1조각, 소금 조금

COOKING TIP
입맛에 따라 된장을 조금 풀거나 고춧가루, 청량 고추를 넣어 얼큰하고 시원한 국물로 즐겨도 맛나다.

준비하기 재첩은 맹물 담가 해감하고, 부추는 끝부분을 잘라 손질한다.	**1** 해감한 재첩은 깨끗한 물에 여러 번 비벼 불순물을 제거한 뒤 씻어 건진다.	**2** 부추는 다듬어 2cm 길이로 썰고 홍고추는 동글게 저며 썬다.
3 냄비에 재첩과 물 3컵, 가윗집낸 다시마를 넣고 끓인다.	**4** 우르르 끓으면서 뽀얀 국물이 되면 젓가락으로 휘저어 재첩 속의 이물질을 빼내고 재첩을 건진다.	**5** 냄비에 ④의 맑은 국물만 따라 담은 뒤 건져낸 재첩과 부추, 홍고추, 다진 마늘, 다진 생강을 넣고 소금 간해 한소끔 끓인다.

51

재첩국에 된장이나
고추장을 풀어
끓이면 재첩 국물
특유의 흙내가
사라진다.

재첩아욱국

৩০ 준비단계 30분 · 조리시간 30분 ৩

재료
재첩 300g, 아욱 1/2단, 대파 1/3대, 홍고추 1개,
된장 2큰술, 다진 마늘 1/2작은술, 다시마 10cm
길이 1조각, 소금 조금

COOKING TIP
불린 쌀에 재첩아욱국 국물을 부어 죽을 끓이면
구수한 별미죽이 된다. 부드럽고 담백한 아욱죽
은 아침식사로 먹기 좋다.

준비하기 맹물에 재첩을 넣어 해감하고, 아욱의 억센 부분도 제거한다.	**1** 끓는 물에 재첩을 넣고 우르르 끓으면서 재첩이 입을 열면 불을 끈다. 젓가락으로 휘휘 저어 흙이 빠지게 한 뒤 재첩을 건진다.	**2** 건진 재첩은 살만 바르고 껍질은 버린다. 국물은 이물질이 바닥에 가라앉도록 기다렸다가 맑은 윗물만 냄비에 따라둔다.
3 물기를 짠 아욱은 반 자르고 홍고추는 3cm 길이로 채 썰고 대파는 어슷 썬다.	**4** ②의 맑은 재첩 국물에 된장을 풀고 아욱을 넣어 중불로 낮춰 10분 이상 뭉근하게 끓인다.	**5** 한소끔 끓으면 재첩 살과 어슷 썬 대파, 채썬 홍고추, 다진 마늘 넣어 약불로 좀 더 끓인다. 부족한 간은 소금을 조금 넣어 맞춘다.

52

참소라는 끝부분의 푸른빛 내장을 잘라내야 쓴맛이 나지 않는다.

참소라미나리맑은탕

৯০ 준비단계 25분 · 조리시간 25분 ৫৪

재료

참소라 4개, 배추 2장, 무 100g, 미나리 30g,
홍고추 1개, 대파 1/3대, 맛술 1/2큰술, 다진 마늘
1작은술, 다진 생강 1/3작은술, 다시마 10cm 길이
1조각, 소금 · 고춧가루 조금씩

COOKING TIP

참소라는 껍질에서 시원하고 감칠맛 나는 국물
이 우러나므로 육수를 낼 때는 껍질째 끓인다.

1

2

3

준비하기	채소 재료는 손질하고, 참소라는 옅은 소금물에 담가 솔을 이용해 껍질의 불순물을 깨끗이 제거한다.	**1**	배추, 무는 나박나박 썰고 미나리는 4cm 길이로 썰고 홍고추와 대파는 어슷 썬다.
2	가윗집낸 다시마와 손질한 참소라를 냄비에 담고 물 2과1/2컵과 무를 넣어 끓인다.	**3**	무가 익으면 다시마는 건져내고 배추, 다진 마늘, 다진 생강, 맛술, 대파, 홍고추를 넣어 뚜껑을 열고 끓인다. 소금으로 간을 맞추고 기호에 따라 고춧가루를 뿌려 먹는다.

53

키조개의 살은 오래 끓이면 질겨지므로 살짝 익혀 부드럽게 먹는다. 꼭지는 국물 맛내기에 좋다.

키조개매콤찌개

준비단계 30분 · 조리시간 25분

재료
키조개 3개, 단호박 1/4통, 느타리버섯 100g, 대파 1/3대, 홍고추 1개

매콤 양념 : 고춧가루 1큰술, 고추장 · 맛술 1/2큰술씩, 다진 마늘 1작은술, 다진 생강 1/3작은술, 소금 조금
육수 : 다시마 10cm 길이 1조각, 건새우 1/3컵, 물 3컵

COOKING TIP
육수에 약간의 된장을 풀면 담백한 키조개찌개가 완성된다. 입맛에 따라 수제비나 칼국수 등을 넣고 전골식으로 끓여 먹어도 좋다.

준비하기 키조개 겉면을 깨끗이 닦은 뒤 단호박을 잘라 씨를 긁어낸다.	**1** 키조개는 반 갈라 조개관자를 떼어내고 내장을 잘라낸다. 이후 먹기 좋은 크기로 저며 썬다.	**2** 단호박은 껍질째 저며 썰고 대파, 홍고추는 어슷 썬다. 느타리버섯은 한 가닥씩 가른다.
3 냄비에 물 붓고 가윗집낸 다시마와 건새우 넣어 중불로 8분간 끓인 후 건더기는 건진다.	**4** 고춧가루, 고추장, 다진 마늘, 다진 생강 등 분량의 재료를 고루 섞어 매콤 양념을 만든다.	**5** ③의 육수에 매콤 양념을 풀고 단호박, 키조개, 느타리버섯, 대파, 홍고추를 넣어 끓인다.

54

키조개는
비릿한 맛이
적어 숙회무침,
버터구이, 샐러드,
파스타 등 다양한
요리에 이용할 수
있다.

키조개무순냉채

준비단계 30분 · 조리시간 25분

재료
키조개 관자 3~4개, 배·오이 1/2개씩,
무순 10g, 소금 조금

양파즙 레몬 소스
곱게 간 양파·레몬즙 3큰술씩, 설탕 1큰술,
다진 마늘 1/3작은술, 소금 조금

COOKING TIP
다듬고 남은 키조개 살은 잘게 썰어 냉동 보관한
다. 찌개 국물낼 때 사용하기 좋다.

준비하기 키조개의 조갯살을 떼만 떼어내고, 양파를 갈아 즙을 낸다. 무순도 찬물에 담갔다 건져 손질해둔다.	**1**	냄비에 물 1/2컵을 부어 물이 끓으면 키조개 관자를 넣고 삶아 식힌다.
2 배는 껍질 벗겨 넓적하게 채로 저며 썰고 오이도 배 크기만 하게 썬다. 키조개의 관자도 넓적하게 저며 썬다.	**3**	분량의 재료를 섞어 양파즙 레몬 소스를 만드다. 그릇에 키조개 관자와 배, 오이, 무순을 담아 소스를 끼얹어 무친다.

55

피조개의 살은
쫄깃하면서도
깊고 풍부한 맛이
특징이다.

피조개와사비무침

준비단계 30분 · 조리시간 25분

재료
피조개 6개, 무 60g, 미나리 30g, 당근 1/4개,
소금 조금

와사비 간장
간장 · 식초 1큰술씩, 와사비갠 것 1작은술,
다진 마늘 1/3작은술, 통깨 조금

COOKING TIP
피조개무침은 초고추장이나 겨자간장과도 잘
어울린다.

준비하기 피조개는 표면을 깨끗이 손질한 뒤 소금물에 담가 해감한다. 미나리는 줄기 부분만 남긴다.	**1** 해감한 피조개는 씻어 냄비에 넣고 자작하게 물을 부어 뚜껑을 덮고 삶는다.	**2** 조개가 익어 입을 열면 껍질은 버리고 조갯살만 떼어낸 뒤 내장을 자른다.
3 당근, 무는 4cm 길이로 채 썰고 미나리도 4cm 길이로 썬다.	**4** 따뜻한 물을 조금 붓고 되직하게 갠 와사비에 간장, 식초, 다진 마늘, 통깨와 섞어 와사비 간장을 만든다.	**5** 조갯살과 준비한 채소에 와사비 간장을 넣어 버무린다. 그 위에 통깨를 솔솔 뿌려낸다.

56

피조개는 다소 진한
소금물에 해감해야
불순물을 모두 없앨
수 있다.

피조개해물샤브샤브

준비단계 30분 · 조리시간 25분

재료
피조개 6개, 오징어 1/2마리, 청경채 4포기,
생표고버섯 2개, 쑥갓 40g, 대파 1/3대

육수 : 다시마 10cm 길이 1조각, 가츠오부시
1/2컵, 물 3컵, 간장 · 생강즙 1/2큰술씩
레몬간장 소스 : 간장 · 육수 3큰술씩, 레몬즙
2큰술, 레몬조각 1/4개, 송송 썬 실파 1작은술

COOKING TIP
샤브샤브 먹고 남은 육수에 밥 또는 우동사리를
넣어 끓이면 한 끼 식사로도 충분하다.

준비하기 다소 진한 소금물에 피조개를 넣어 해감시키고, 오징어는 껍질을 제거한다.	**1** 해감한 피조개는 붉은 액을 씻어내고 껍질을 뗀다. 오징어는 몸통은 동글게 링으로 저며 썰고 다리는 4cm 길이로 자른다.	**2** 청경채는 밑동을 잘라 2~3번 길게 자르고 생표고버섯은 기둥을 잘라 저며 썬다. 쑥갓은 4cm 길이로 썰고 대파는 채 썬다.
3 가윗집낸 다시마를 냄비에 담고 물 3컵을 부어 끓인다.	**4** 우르르 끓으면 가츠오부시 넣고 불을 끈 채 5분간 두었다가 체에 걸러 맛술과 간장으로 간한다.	**5** 분량의 재료를 섞은 뒤 레몬 조각을 넣어 레몬간장 소스를 만든다. ④의 육수를 팔팔 끓여 준비한 재료를 넣고 익혀 소스에 찍어 먹는다.

57

살이 연한 가리비는
그대로 직화구이해
담백한 맛을
즐기기에 좋다.

한식가리비구이

준비단계 30분 · 조리시간 20분

재료
가리비 6개, 양파 1/4개, 표고버섯 2개,
청 · 홍고추 1개씩, 소금 조금

한식 양념장
간장 1큰술, 맛술 · 설탕 · 생강즙 ·
참기름 1작은술씩, 다진 마늘 1/2작은술,
통깨 · 후춧가루 조금씩

COOKING TIP
가리비 껍질에는 불순물이 많아 솔로 깨끗이
닦은 뒤 조갯살을 얹는다.

1

2

3

4

5

준비하기 가리비는 옅은 소금물에 해감해 솔로 껍질을 문질러 씻는다.	**1** 해감한 가리비는 칼로 반 갈라 수저로 살을 떼어낸 뒤 가장자리의 내장을 잘라낸다.	**2** 양파, 표고버섯은 잘게 썰고 청·홍고추도 굵게 다진다.
3 잘게 썬 양파와 표고버섯, 굵게 다진 청고추와 홍고추를 가리비살 위에 조금씩 얹는다.	**4** 분량의 재료를 섞어 양념장을 만든다. 통깨와 후춧가루는 가장 나중에 넣어 섞는다.	**5** ③의 가리비 위에 ④의 양념장을 조금씩 덜어 얹은 뒤 그릴에서 굽는다. 그릴에서 10분간 구워낸 뒤 손님초대상이나 술안주에 곁들인다.

해초

6

톳

철분과 칼슘의 제왕으로 불리는 톳은 성인병을 예방해주는 해초다. 알긴산이 풍부해 콜레스테롤을 제거해주는가 하면 지방 흡수를 억제해 비만도 막아준다. 톳을 고를 땐 광택이 있으면서 알이 굵고 탄력이 있는지를 살핀다.

다듬기 톳을 물에 담가 불순물이 떨어지도록 비벼 씻는다. 손으로 훑어내리거나 작게 잘라 요리에 넣는다.

모자반

깊은 바닷속에서 자라는 모자반은 미역, 다시마와 함께 갈조류에 속하며 자잘한 잎이 달린 나무의 형상이다. 항산화, 발암억제 기능의 물질을 함유한 해초로, 물기가 촉촉히 있고 잎이 많고 만져보아 물렁거리지 않고 단단해야 신선하다. 비빔밥이나 초회 등의 별미요리로 맛보기 좋다.

다듬기 맑은 물이 나올 때까지 깨끗이 닦는다.

물미역

생으로 먹기도 하지만 비릿할 수 있으므로 끓는 물에서 살짝 데쳐서 쌈 채소로 먹으면 맛나다. 생으로 먹으려면 미역에서 거품이 나올 만큼 박박 주물러 짠물을 뺀 뒤 찬물에 여러 번 헹궈 조리해야 한다. 녹색이 짙고 광택이 있으며 탄력적이고 만졌을 때 물렁하지 않은 것을 고른다.

다듬기 줄기 끝을 자르고 뻣뻣하고 억센 줄기도 잘라낸다. 대부분은 단단하므로 채 썰어 데친다.

58

모자반은 끓는
물에서 살짝 데쳐
양념에 무치거나
볶아 먹는다.

모자반된장무침

준비단계 20분 · 조리시간 15분

재료
모자반 100g, 브로콜리 1/3송이

양념
된장 1큰술, 깨소금 1/2큰술, 조청 · 참기름
1작은술씩, 다진 마늘 1/3작은술

COOKING TIP
모자반 자체에 간이 있어 양념을 너무 많이
넣으면 짤 수 있다.

2

1

3

	모자반은 맑은 물이 나올 때까지 손질하고, 브로콜리는 송이만 떼어 씻는다.	**1**	손질한 모자반은 깨끗이 씻어 끓는 물에 살짝 데친다. 브로콜리도 끓는 물에 살짝 데쳐 찬물에 헹군 뒤, 대는 잘라내고 꽃만 잘게 썬다.
2	데친 모자반을 찬물에 헹궈 물기를 충분히 뺀 다음 6cm 길이로 썬다.	**3**	된장에 깨소금, 다진 마늘, 조청, 참기름을 섞어 양념을 만든다. 준비한 양념에 살짝 데친 모자반과 잘게 썬 브로콜리를 넣어 조물조물 무쳐낸다.

59

모자반은 다른 해조류에 비해 칼슘이 많아 골다공증 예방, 변비 예방에 효과적이다.

모자반팽이버섯전

준비단계 20분 · 조리시간 20분

재료
모자반 100g, 팽이버섯 1/2봉지, 달걀노른자 · 홍고추 1개씩, 밀가루 1/2컵, 소금 · 식용유 조금씩

초간장
간장 1큰술, 식초 · 생수 1/2큰술씩, 다진 풋고추 1개 분량

COOKING TIP
반죽을 만들 때 밀가루 대신 쌀가루로 반죽하면 보다 고소하고 바삭해진다.

<table>
<tr><td></td><td>1</td><td>2</td></tr>
<tr><td>3</td><td>4</td><td>5</td></tr>
</table>

준비하기 모자반은 불순물을 제거한 뒤 깨끗이 씻어두고, 풋고추는 잘게 다져둔다.	**1** 불순물을 제거한 모자반은 깨끗히 씻어 건져 끓는 물에 살짝 데친다. 오래 데칠수록 씹는 맛이 덜하다.	**2** 데친 모자반을 찬물에 헹궈 물기를 뺀 뒤 먹기 좋게 4cm 길이로 썬다.
3 팽이버섯은 밑동을 자르고 반 길이로 썰고 홍고추는 동글납작하게 저며 썬다.	**4** 볼에 모자반, 팽이버섯, 홍고추, 달걀노른자, 밀가루를 섞고 물 1/2컵을 넣고 반죽한다.	**5** 식용유를 두른 팬에 ④의 반죽을 떠서 얇게 펴놓고 노릇하게 부친다. 부친 전은 먹기 좋게 잘라 초간장을 찍어 먹는다.

60

먹고 남은 물미역은
참기름을 둘러 국을
끓여 먹어도 좋다.
생미역국은 마른
미역국보다 훨씬
부드럽다.

물미역나물비빔밥

준비단계 30분 · 조리시간 20분

재료
물미역 120g, 두릅 6개, 달래 1/3단, 참나물 40g,
달걀노른자 2개, 밥 2공기, 참기름 1큰술,
깨소금 1작은술, 소금 조금

초고추장
고추장 2큰술, 식초 · 올리고당 1큰술씩,
참기름 1작은술, 다진 마늘 1/3작은술, 통깨 조금

COOKING TIP
물미역과 두릅은 오래 익히면 물렁해져 씹는
질감이 덜하므로 살짝 데친다.

준비하기 물미역의 억센 줄기를 없애고, 참나물도 여린 잎만 고른다. 달래 뿌리도 깨끗이 손질한다.	**1** 물미역은 끓는 물에서 살짝 데쳐 찬물에 헹궈 5cm 길이로 자른다.	**2** 두릅은 밑동을 잘라 줄기의 가시를 제거한 뒤 소금 넣은 끓는 물에 데친다. 찬물에 헹궈 물기를 뺀 다음 먹기좋게 밑동을 자른다.
3 살짝 데친 두릅에 참기름과 깨소금, 소금을 넣어 조물조물 무친다.	**4** 깨끗이 다듬은 달래와 참나물도 먹기 좋게 4cm 길이로 썬다.	**5** 분량의 재료를 섞어 초고추장을 만든다. 밥 위에 물미역, 두릅, 달래, 참나물, 달걀노른자를 얹고 초고추장을 얹어 비빈다.

61

물미역은 손으로
만졌을 때 뭉개지지
않고 매끄럽고
부드러운 것을
고른다.

물미역오이무침

୭ 준비단계 15분 · 조리시간 20분 ୧

재료
물미역 150g, 오이 1/2개

양념
맛국간장 · 식초 1큰술씩, 깨소금 1/2큰술,
고운 고춧가루 · 설탕 1작은술씩, 다진 마늘 1/3
작은술

COOKING TIP
물미역의 단단한 줄기는 얇은 줄기보다 염분이
많아 짜다. 얇게 저며 썰거나 채 썰어 무쳐야 먹
을 때 짠맛이 덜하다.

준비하기 물미역은 억센 줄기를 제거하고 찬물에 씻고, 오이는 소금으로 문질러 손질한다.	**1**	손질한 물미역은 끓는 물에서 살짝 데친다. 갈색 미역이 초록색이 되면 바로 꺼낸다.
2 데친 물미역을 찬물에 헹궈 물기를 뺀 다음 6cm 길이로 자르고 단단한 줄기는 먹을 때 질기지 않게 저며 썬다.	**3**	오이는 비벼 씻은 후 껍질을 벗겨 미역 줄기와 같은 크기로 넓적하게 저며 썬다. 맛국간장에 식초, 깨소금, 고춧가루, 설탕, 다진 마늘을 넣어 양념을 만들어 물미역과 오이를 넣어 조물조물 무친다.

62

물미역 쌈은 알싸한
초고추장이나
봄에 담근
멸치액젓소스와
잘 어울린다.

물미역날치알쌈

준비단계 25분 · 조리시간 30분

재료
물미역 150g, 오이 1/2개, 양파 1/6개, 무순 5g,
날치알 3큰술, 식초 1큰술

와사비 고추장
고추장 2큰술, 식초 · 올리고당 1큰술씩,
마늘즙 1작은술, 와사비 갠 것 1/3작은술

COOKING TIP
양파 채는 생으로 먹으므로 찬물에 담가 맵고 아
린 맛을 뺀다.

준비하기 물미역은 찬물에 충분히 씻어 소금기를 빼준다.	**1** 손질한 물미역은 끓는 물에 살짝 데친 후 찬물에 헹군다.	**2** 데친 물미역은 12cm 길이로 자르고, 오이는 채 썰고, 양파도 곱게 채 썬다. 무순을 물에 흔들어 씻어 건진다.
3 채 썬 양파는 찬물에 잠시 담가 매운 맛을 뺀 뒤 건진다.	**4** 식초에 담근 날치알을 꺼내 깨끗이 씻은 뒤 물기를 뺀다.	**5** 재료를 섞어 와사비고추장을 만든다. 물미역 위에 오이, 양파, 무순을 올려 돌돌 만다. 그 위에 날치알을 얹어 와사비고추장과 곁들여낸다.

63

톳은 끓는 물에
살짝 데쳐야
오돌오돌 씹는
식감이 좋다.

톳해물밥

₿ 준비단계 25분 · 조리시간 40분 ₾

재료
톳 100g, 바지락 200g, 날치알 4큰술,
식초 · 청주 1큰술씩, 쌀 1과1/2컵, 소금 조금

미나리 양념장
간장 · 쫑쫑 썬 미나리 2큰술씩, 들기름 1큰술,
고춧가루 · 깨소금 1작은술씩

COOKING TIP
밥 짓는 물의 양은 보통 쌀 부피의 1.2배가 기본
인데 톳해물밥은 바지락과 톳에서 수분이 생기
므로 밥물을 적게 부어야 질지 않다.

준비하기 바지락은 해감하고 미나리는 종종 썬다. 쌀은 물에 불려둔다.	**1** 톳의 물기를 뺀 후 손으로 긴 줄기를 잡고 훑어내린 뒤 긴 줄기는 버리지 말고 짧게 잘라 사용한다.	**2** 날치알은 식초물에 담가 살살 흔들어 씻는다. 레몬즙에 흔들어 씻어도 된다.
3 밥솥에 불린 쌀을 넣고 들기름에 볶는다. 들기름과 톳은 맛과 영양적으로 궁합이 잘 어울린다.	**4** 들기름에 볶은 쌀 위에 바지락, 톳을 넣고 1배의 물을 붓고 청주 1큰술 넣어 밥을 짓는다.	**5** 밥이 끓어오르면 주걱으로 뒤섞어주고 불을 줄여 밥을 짓는다. 밥이 뜸들 때쯤 깨끗이 헹군 날치알을 뿌리듯 고루 얹는다.

톳은 생으로 먹으면
비릿하므로 끓는
물에서 살짝 데쳐
요리한다.

톳연근무침

ॐ 준비단계 25분 · 조리시간 20분 ॐ

재료
톳 100g, 연근 1/2개, 풋고추 1개, 식초 1큰술

초고추장
고추장 2큰술, 식초 · 매실청 · 생강즙 1큰술씩,
참기름 1/2큰술, 깨소금 1작은술, 다진 마늘 1/3작
은술

COOKING TIP
생톳을 무쳐내도 맛나다. 양념에 다진 생강이나
맛술, 식초를 넣으면 비린내가 사라진다.

3

4

5

준비하기	톳은 넉넉한 물에 담가 가볍게 주물러 씻어 불순물을 제거한다.	**1**	손질한 톳을 팔팔 끓는 물에 살짝 데친다. 오래 데치면 식감이 떨어진다.	**2**	데친 톳은 건져 찬물에 헹궈 체에 받혀 물기를 뺀 후 먹기 좋게 2cm 길이로 자른다.
3	연근은 반 갈라 껍질 벗기고 도톰하게 반달모양으로 얇게 저미고, 풋고추는 얇게 채 썬다.	**4**	③의 저며 썬 연근을 식초를 넣은 끓는 물에서 3분간 데친다.	**5**	고추장에 식초, 매실청, 생강즙 등 분량의 재료를 섞어 초고추장을 만든다. 여기에 준비한 톳, 연근, 풋고추를 넣어 무친다.

꽃게

집게가 잘리지 않고 손으로 들었을 때 묵직한 것이 좋으며, 다리가 뻣뻣하게 힘이 있는 것이 신선하다.

다듬기 솔로 껍질을 문질러 씻은 후 양쪽 집게 끝을 자르고 게딱지를 떼어낸다. 수염을 잘라낸 다음 먹기 좋게 자른다.

참게

키토산과 필수아미노산이 풍부해 성장기 어린이는 물론 성인병 예방에도 좋다. 대게나 꽃게와 달리 크기가 작고, 검고 윤이 나며 묵직한 것을 고른다.

다듬기 솔로 껍질을 문질러 씻은 후 게딱지를 떼어낸 뒤 수염을 잘라낸다.

조기

지방질이 적고 단백질과 철분, 무기질이 풍부해 성장발육에도 좋다. 배가 황금색이고 비늘이 단단히 붙어있는 것을 고른다.

다듬기 등 쪽의 비늘을 긁어낸 뒤 아가미를 떼어내고 아가미 속으로 내장을 빼낸다. 몸통의 지느러미, 꼬리를 자른다.

병어

비린내가 적어 회는 물론 조림, 구이, 찜 등으로 활용된다. 몸통이 청색과 은색을 띠고 윤기가 흐르며 살이 두툼하고 탄력있는 것이 신선하다.

다듬기 병어의 내장을 제거할 때는 아가미 쪽에 칼집을 넣어 내장을 꺼낸다.

주꾸미

머리와 몸통이 탱탱하며 다리에 흡반이 뚜렷한 것이 좋으며, 구입 시 먹물이 터지지 않고 살이 단단한 것을 고른다.

다듬기 머릿속 내장을 꺼내 잘라내고 하얀 알은 떼어내어 조리한다. 소금을 뿌려 바락바락 주물러 이물질을 씻어낸다.

도미

단백질 함량은 높고 지방이 적어 수술 후 회복기 환자에게도 좋다. 분홍색의 껍질에 윤기가 돌며 눈이 싱싱한 것을 고른다.

다듬기 비늘이 두툼하므로 비늘 벗기는 도구를 이용한다. 아가미 떼어내고 내장을 제거한 뒤 몸통의 지느러미와 꼬리를 자른다.

가자미

비타민B1, B2가 풍부해 스트레스 해소에 특히 좋다. 눈이 생생하고 짙은 회색에 몸통은 탄력있고 배 쪽이 흰 것이 신선하다.

다듬기 머리, 꼬리를 자르고 앞뒷면에 단단하게 붙어 있는 비늘을 모두 긁어낸다. 이후 내장을 꺼내고 지느러미를 자른다.

임연수어

비린내가 적어 주로 소금이나 버터 등에 구워 먹는다. 노란색과 갈색의 모양이 반듯하고 눈이 생생하고 몸통 살이 두툼한 것을 고른다.

다듬기 머리, 꼬리, 지느러미를 자르고 내장을 제거한 뒤 살만 포 떠 가운데 뼈를 제거한다.

도미는 살이
두툼하므로 다른
생선에 비해 오래
익힌다.

도미유자청조림

준비단계 30분 · 조리시간 20분

재료
도미(중간 크기) 1마리, 밀가루 1/3컵, 대파 1/2대,
유자청 2큰술, 식용유 조금

양념
간장 2과1/2큰술, 맛술 · 생강즙 1큰술씩,
통후추 1/2작은술

COOKING TIP
설탕이나 물엿 대신 유자청을 넣으면 유자의 향
긋하고 달콤한 맛이 도미 살과 어우러져 도미조
림의 맛도 한층 업그레이드된다.

준비하기	도미는 아가미를 떼어내고 내장을 제거한 뒤 몸통의 지느러미와 꼬리를 자른다.	**1**	손질한 도미의 몸통 양끝에 칼집을 내 살만 포 떠 한입크기로 자른다.
2	도미 살에 밀가루를 넉넉히 묻힌다. 대파는 3cm 길이로 자르고 양념에 유자청을 섞어둔다.	**3**	식용유를 두른 팬에 도미 살을 얹어 노릇하게 지진 뒤 ②의 유자청 섞은 양념을 부어 조린다. 한소끔 끓었을 때 대파를 넣어 조린 뒤 그릇에 덜어낸다.

66

도미로 탕이나 뼈째
조림할 때는 도미가
푹 잠기게끔 물을
부어 뚜껑을 덮고
오래 익힌다.

오색도미찜

❧ 준비단계 25분 · 조리시간 30분 ☙

재료
도미(중간 크기) 1마리, 미나리 30g,
홍고추 · 생표고버섯 · 달걀 1개씩,
소금 · 참기름 · 식용유 조금씩

도미 밑 양념 : 생강즙 · 맛술 2큰술씩,
소금 · 후춧가루 · 참기름 조금씩
초간장 : 간장 2큰술, 식초 · 생수 1큰술씩,
다진 마늘 1/3작은술, 통깨 조금

COOKING TIP
조리 전에 도미에 생강즙이나 맛술을 발라두면
도미의 비린내를 없앨 수 있다.

준비하기	비늘 벗기는 도구를 이용해 두툼한 도미 비늘을 꼼꼼하게 벗겨낸다.	**1**	손질한 도미는 양념이 고루 베일 수 있도록 몸통에 2~3번 칼집을 낸다.	**2**	도미에 생강즙, 맛술을 발라 비린 맛이 가시도록 둔다.
3	②에 소금, 후춧가루, 참기름을 발라 밑 양념한 뒤 찜통에 넣어 20분간 찐다.	**4**	버섯과 홍고추는 채 썰고 미나리는 4cm 길이로 썬다. 달걀은 흰자, 노른자로 나누어 지단을 부친다. 표고버섯도 소금, 참기름 간해 볶는다.	**5**	미나리, 홍고추도 참기름 넣고 살짝 볶는다. 모두 4cm 길이로 채 썬다. 도미찜이 익으면 준비한 채소와 지단을 도미 위에 장식하듯 올린다.

67

손질한 조기를
채반에 널어
바람이 통하는
곳에서 살짝 말려
조리하면 육질이 더
쫄깃해진다.

조기레몬탕수

준비단계 40분 · 조리시간 25분

재료
조기(중간 크기) 2마리, 녹말가루 1/2컵, 레몬조
각 1/2개, 맛술 · 생강즙 1큰술씩, 튀김기름 조금

탕수 소스
레몬즙 4큰술, 설탕 · 녹말물 2큰술씩, 물 1컵,
소금 조금

COOKING TIP
튀김요리용으로 조기 살을 포 뜰 때는 가시를
완전히 제거한다.

준비하기 조기는 깨끗이 손질한 뒤 포를 뜨듯 적당한 크기토 살점만 발라낸다.	**1**	포 뜬 조기는 남아있는 잔가시를 제거한 뒤 작게 저며 썰어 맛술, 생강즙, 소금, 후춧가루 간을 해 20분간 재운다.	**2**	밑간한 조기 살에 녹말가루를 앞뒤로 꾹꾹 눌러가며 듬뿍 묻힌다. 녹말가루가 덜 묻으면 튀길 때 물이 나와 기름이 튀기 쉽다.
3 레몬은 껍질째 사용하므로 소금물에 담가 껍질을 깨끗하게 씻어 건진 다음 2등분한 뒤 반달모양으로 얇게 저며 썬다.	**4**	170℃로 끓인 기름에 녹말가루 묻힌 조기 살을 넣어 노릇하게 튀긴다. 조기 살은 익어 기름에 떠오르면 바로 건져야 기름을 적게 흡수한다.	**5**	소스가 끓어오르면 마지막에 녹말가루와 동량의 물을 섞은 녹말물을 풀고 얼른 휘저어 부드럽고 새콤달콤한 걸쭉한 레몬 소스를 완성한다.

68

조기의 비린내가
싫다면 조리 시
들깨가루를 넉넉히
넣는다.

조기들깨매운탕

❧ 준비단계 30분 · 조리시간 25분 ☙

재료
조기(중간 크기) 1마리, 느타리버섯 · 무 100g씩,
양파 1/4개, 쑥갓 50g, 실파 20g, 홍고추 1개,
들깨가루 3큰술, 다진 마늘 1/2큰술, 다진 생강
1/2작은술, 소금 조금

양념 : 고춧가루 · 고추장 · 맛국간장 1큰술씩
육수 : 국물멸치 20g, 다시마 10cm 길이 1조각,
물 3컵

COOKING TIP
조기매운탕은 뚜껑을 열고 끓여야 비린내가
날아간다.

준비하기 조기는 지느러미와 꼬리를 제거하고 2~3토막으로 자른다.	**1** 무는 나박나박 썰고 느타리는 밑동을 잘라 찢는다. 양파는 채 썰고 쑥갓, 실파는 4cm 길이로 썰고 홍고추는 어슷 썬다.	**2** 냄비에 물 3컵을 붓고 가윗집낸 다시마, 국물멸치, 무를 넣어 중불로 10분간 끓인 뒤 다시마와 국물멸치는 건진다.
3 무만 남은 육수에 분량의 고춧가루와 고추장, 맛국간장을 섞어 넣는다.	**4** 육수가 끓으면 조기, 양파, 버섯, 홍고추를 넣어 뚜껑 열고 끓인다.	**5** 조기가 익으면 다진 마늘, 다진 생강, 들깨가루를 넣고 소금 간해 한소끔 끓으면 실파와 쑥갓을 넣고 불을 끈다.

69

가자미는 비늘이
단단하게 붙어 있어
반드시 비늘을
제대로 제거하고
요리한다.

바짝가자미튀김

준비단계 25분 · 조리시간 30분

재료
가자미 2마리, 녹말가루 4큰술, 소금 ·
후춧가루 · 튀김기름 조금씩

튀김옷 : 멥쌀가루 · 녹말가루 1/3컵씩, 달걀
1/2개, 찬물 1/2컵
무즙간장 소스 : 간장 · 식초 · 무 갈은 것 2큰술
씩, 송송 썬 실파 1작은술, 와사비 갠 것 1/2작은
술, 생수 4큰술

COOKING TIP
튀긴 가자미는 종이타월에 올려 기름을 충분히
빼야 느끼하지 않다.

준비하기 가자미는 손질해 2~3토막으로 자른다.	**1** 가자미 앞뒷면에 생강즙, 소금, 후춧가루로 고루 밑 양념한다.	**2** 멥쌀가루, 녹말가루를 각각 체에 내려 고운 가루를 낸다.
3 찬물에 달걀을 풀어 체에 내린 멥쌀가루에 젓가락으로 휘휘 저어가며 가볍게 섞는다. 이때 튀김 반죽이 매끈하게 풀리지 않아도 된다.	**4** 가자미에 녹말가루를 뿌려 버무린 후 튀김옷을 묻혀 170℃로 끓인 기름에 넣어 노릇하게 튀긴다.	**5** 분량의 재료를 섞어 간장 소스를 만든 뒤, 강판에 무를 갈아 간장 소스에 섞어 가자미튀김과 낸다.

+

70

가자미는 살이 매우
부드럽고 연하므로
부서지지 않도록
조리 시 자주
뒤집지 않는다.

가자미무조림

෨ 준비단계 20분 • 조리시간 30분 ෬

재료
가자미 1마리, 무 200g, 대파 1/3대,
청 · 홍고추 1개씩

양념
간장 2큰술, 고춧가루 · 맛술 · 올리고당 1큰술
씩, 다진 마늘 · 깨소금 · 참기름 1/2큰술씩,
다진 생강 1/3작은술, 후춧가루 조금

COOKING TIP
가자미와 무를 함께 조릴 때는 무를 먼저
익히다가 생선을 넣어야 재료들의 맛이 산다.

준비하기 가자미는 단단히 붙은 비늘을 긁어낸 뒤 머리를 잘라 손질한다.	**1** 손질한 가자미는 조림하기 적당한 크기로 2~3토막 자른다.	**2** 무는 도톰하고 큼직하게 썰고 대파, 청·홍고추는 어슷 썰기한다.
3 간장에 다진 마늘, 다진 생강, 고춧가루, 맛술, 올리고당 등의 재료를 섞어 양념을 만든다.	**4** 냄비에 무를 담고 양념의 1/2을 얹고 푹 잠길 정도의 물을 부어 뚜껑을 덮어 조린다.	**5** 무가 물러지면 ①의 가자미와 남은 양념, 대파, 청·홍고추를 얹어 끓인다. 중간에 뚜껑을 열어 국물이 자작하게 남았을 때 그릇에 덜어낸다.

71

임연수어 구이를 할 때는 껍질 부분이 바삭해지도록 구워야 고소하고 씹히는 맛이 좋다.

임연수마늘버터구이

준비단계 25분 · 조리시간 20분

재료
임연수어 1/2마리, 마늘 6개, 버터 2큰술,
마른 허브(오레가노) · 소금 · 후춧가루 ·
식용유 · 시판 스테이크 소스 조금씩

COOKING TIP
임연수어는 살이 두툼해 버터 조금과 식용유를
섞어 넣고 구워야 속이 잘 익는다.

준비하기 임연수어는 손질해 꼬리 쪽부터 머리 쪽으로 칼을 넣고 살만 포 뜬다.	1 임연수의 포뜬 살은 먹기 좋게 2~3토막으로 자른다. 아이가 먹을 요량이면 좀 더 작게 토막내도 좋다.
2 토막 낸 임연수어에 소금, 후춧가루, 허브를 뿌려 밑간한다. 간이 너무 강하지 않도록 적당히 뿌린다. 마늘은 반으로 저며 썬다.	3 팬을 달군 뒤 식용유, 버터를 조금씩 넣고 마늘을 넣어 익히다가 임연수어를 얹어 굽는다. 앞뒤로 노릇하게 구워 마지막에 버터를 더해 풍미를 낸다.

72

병어는 껍질이 얇고
살이 연하므로
소금을 살짝 뿌려
표면이 벗겨지지
않도록 한다.

병어감자조림

준비단계 30분 · 조리시간 30분

재료
병어 1마리, 감자 2개, 대파 1/3대

양념
간장 2과1/2큰술, 물엿 · 다진 홍고추 1큰술씩,
다진 마늘 · 참기름 1/2큰술씩, 다진 생강
1/2작은술, 통깨 · 후춧가루 조금씩

COOKING TIP
조림용 감자는 너무 크지 않는 것을 고른다. 감자
가 크다면 감자를 먼저 익히다 병어 살을 넣어야
살이 푸석해지지 않는다.

준비하기 병어는 아가미 쪽에 칼집을 넣어 내장을 제거해 손질한다. 꼬리는 모양이 반듯하고 예쁘면 장식용으로 남겨둔다.	**1** 손질한 병어는 적당한 크기로 2토막을 낸다.	**2** 감자는 껍질을 벗겨 도톰하게 저며 썰고 대파는 3cm 길이로 썬다.
3 간장과 물엿, 참기름에 다진 홍고추와 다진 마늘, 다진 생강 등을 넣어 양념을 만든다.	**4** 냄비 바닥에 감자를 깔고 병어를 얹은 후 양념을 넣어 잠길 정도의 물을 부어 조린다.	**5** 세게 끓으면 뚜껑을 열어 대파를 넣고 중불에서 익힌다. 그릇에 덜어낼 때 국물도 자작하게 넣어야 간이 잘 배어 먹기 좋다.

73

매운 것을 못 먹는
아이들에게는
병어에 유장만
발라서 구워줘도
고소하고 담백하다.

병어양념구이

🥢 준비단계 25분 · 조리시간 25분 🥢

재료
병어 1마리

유장 : 참기름 1큰술, 간장 1/2큰술
양념 : 고추장 2큰술, 다진 파 · 생강즙 · 물 1큰술
씩, 설탕 1/2큰술, 다진 마늘 · 깨소금 1작은술,
후춧가루 조금

COOKING TIP
병어는 밑간해 애벌로 구운 뒤 고추장 양념을 발
라 구워야 타지 않고 제대로 익는다.

3

1

2

4

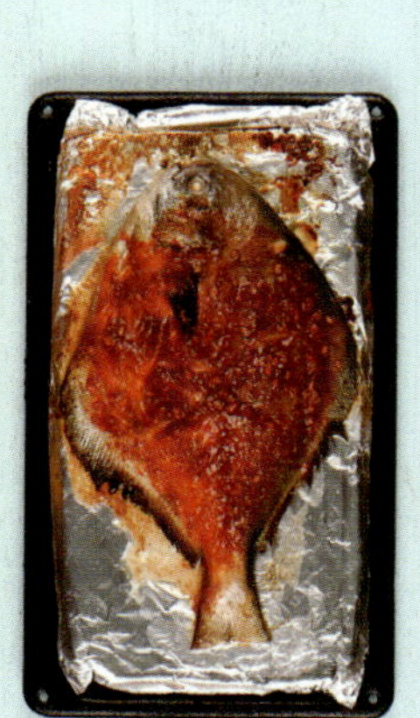

5

준비하기 병어는 손질해서 아가미로 젓가락을 넣어 내장을 빼낸다.	**1** 손질한 병어의 배 쪽에 칼집을 X자 모양으로 깊게 낸다.	**2** 참기름과 간장으로 유장을 만들어 칼집낸 병어의 앞뒷면에 고루 펴 바른다.
3 그릴이나 쿠킹호일에 약간의 기름을 바르고 ②의 병어를 올린 뒤 그릴이나 석쇠에서 10분간 애벌구이한다.	**4** 고추장과 생강즙, 물을 섞은 뒤 다진 파와 다진 마늘 등을 섞어 구이 양념을 만든다.	**5** 애벌구이한 병어에 양념을 고루 바른 후 다시 그릴이나 석쇠에서 양념이 타지 않도록 굽는다. 실파 등을 송송 썰어 올리면 더 먹음직스럽다.

74

주꾸미는 육질이
쫄깃하면서도
부드러워 오래
익히거나 조리하지
않는다.

주꾸미채소전골

ର 준비단계 30분 · 조리시간 30분 ଓ

재료
주꾸미 1코(6마리), 배추 2장, 쇠고기
부채살 120g, 애호박 1/4개, 새송이버섯 2개,
대파 1/3대, 홍고추 1개, 다진 마늘 1큰술,
다진 생강 1/2작은술

육수
다시마 10cm 길이 1조각, 국물멸치 20g,
무 1조각, 맛국간장 1큰술, 소금 조금, 물 3컵

COOKING TIP
전골용 쇠고기는 불고깃감처럼 얇게 썰어진
것을 넣어야 바로 익혀 먹기 좋다.

준비하기	내장을 잘라낸 주꾸미는 소금을 뿌려 바락바락 주므르고, 쇠고기는 얇게 저며 썬 것을 준비한다.	1	손질한 주꾸미는 큰 것만 골라 먹기 좋게 2~3번 자른다. 알은 버리지 말고 요리에 사용한다.	2	배추는 큼직하게 썰고 새송이버섯은 저며 썰고 애호박은 3cm 길이의 넓적채로 썬다. 대파와 홍고추는 채 썬다. 한다.
3	냄비에 물, 가윗집낸 다시마, 국물멸치, 무를 넣어 중불에서 끓인다.	4	육수가 진해지면 체로 건더기를 건지고 주꾸미, 쇠고기, 배추, 새송이, 애호박, 다진 마늘, 다진 생강을 넣어 끓인다.	5	한소끔 끓으면 맛국간장과 소금 간을 하고 대파, 홍고추를 넣는다. 떡국 떡, 조랭이 떡, 우동사리 등을 곁들여 국수전골로 먹어도 좋다.

75

주꾸미는 익으면
크기가 많이
줄어든다. 작은
것은 자르지 말고
그대로 넣어
요리한다.

주꾸미간장불고기

⋔ 준비단계 30분 · 조리시간 25분 ⋔

재료
주꾸미 1코(6마리), 새송이버섯 2개, 양파 1/3개,
적양배추 4장, 대파 1/3대, 당면 40g, 식용유
조금

양념
간장 2큰술, 맛술 · 올리고당 1큰술씩, 다진
마늘 · 깨소금 · 참기름 1/2큰술씩, 다진 생강 1/2
작은술, 후춧가루 조금

COOKING TIP
주꾸미를 조릴 때 재료들이 팬에 붙으면 식용유
대신 다시마 육수 1/2컵을 넣는다. 식용유를 너
무 많이 넣으면 음식이 느끼해져 깔끔한 맛이 덜
하다.

준비하기	주꾸미 표면에 미끌거리는 것을 소금으로 씻고 머리 부분의 내장도 제거한다. 기호에 따라 하얀 알은 조리에 넣는다.	**1**	새송이버섯은 적당한 크기로 썰고 양파는 링으로 썰고 적양배추도 큼직하게 썬다. 대파는 어슷썰기 한다.
2	간장과 맛술, 올리고당 등 분량의 재료를 섞은 양념의 1/2을 손질해둔 주꾸미에 넣어 버무린다. 당면은 뜨거운 물에 담가 부드럽게 불린다.	**3**	팬을 달군 후 식용유을 두르고 양념한 주꾸미와 준비한 채소, 불린 당면을 넣고 채소에 양념을 뿌려 볶는다.

+

76

주꾸미는 조리
첫 단계부터 넣으면
많이 오그라들고
질겨지므로
재료들이 익었을 때
넣어 익힌다.

주꾸미떡볶음

🔊 준비단계 30분 · 조리시간 25분 ✎

재료
주꾸미 1코(6마리), 떡볶이 떡 200g, 청피망 1/2
개, 양파 · 당근 1/4개씩, 대파 1/4대, 식용유 조금

양념
고추장 · 고춧가루 · 올리고당 1큰술씩,
간장 · 참기름 1/2큰술씩, 설탕 · 다진 마늘 ·
깨소금 1작은술씩, 다진 생강 1/2작은술,
후춧가루 조금

COOKING TIP
아이가 먹는다면 간장 양념장(간장 2큰술, 설
탕 · 다진 파 · 깨소금 · 참기름 · 맛술 1큰술씩,
다진 마늘 1/2큰술, 다진 생강 1/2작은술, 후춧가
루 조금)으로 한다.

준비하기	주꾸미는 손질하고 떡볶이 떡 은 잠시 물에 담가둔다.	**1**	손질한 주꾸미는 먹기 좋은 크기로 썰어 끓는 물에서 살짝 데쳐 건진다.	**2**	떡은 건지고 양파, 청피망은 채 썰고 당근은 동글게 저며 썬다. 대파는 어 슷썰기 한다.
3	분량의 양념을 섞어 양념을 만든다.	**4**	팬에 물 1컵을 붓고 양념을 넣어 끓으 면 떡, 양파, 당근을 넣어 조린다.	**5**	떡이 익으면 살짝 데친 주꾸미와 어 슷썬 대파, 청피망을 넣어 자작하게 조린다. 적당히 조려지면 그릇에 덜 어낸다.

77

꽃게요리에는 양파,
생강, 맛술, 식초
등의 재료를 넣어야
비린 맛이 덜 난다.

꽃게달래매운탕

준비단계 40분 · 조리시간 25분

재료
꽃게 2마리, 달래 1/2묶음, 무 200g, 두부 1/4모,
대파 1/3대, 홍고추 1개, 소금 조금

양념 : 고춧가루 · 된장 1큰술씩, 다진 마늘 1/2큰
술, 다진 생강 1/2작은술
육수 : 다시마 10cm 길이 1조각, 마른 새우 3큰술

COOKING TIP
다시마 육수를 충분히 우려 매운탕을 끓여야 진
하고 깊은 맛이 나는 국물이 된다.

준비하기 탕에 넣을 꽃게는 솔로 껍질을 여러 차례 문질러 씻는다. 수염과 집게도 제거한다.	**1** 손질한 꽃게는 가위나 칼을 이용해 먹기 좋은 크기로 자른다.	**2** 두부는 큼직하게 썰고 달래는 다듬어 4cm 길이로 썬다. 무는 큼직하고 도톰하게 썰고 대파, 홍고추는 어슷 썰기 한다.
3 냄비에 물 3컵을 붓고 가윗집낸 다시마와 마른 새우, 무를 넣어 중불에서 끓이다 육수가 우러나면 무만 남기고 체로 건더기를 건진다.	**4** ③에 된장과 고춧가루를 풀고 꽃게, 다진 마늘, 다진 생강, 대파, 홍고추를 넣어 끓인다.	**5** 끓을 때 거품을 걷어내고 꽃게가 익으면 두부, 달래를 넣고 소금 간한다.

78

꽃게는 산란기인 금어기 직전의 6월의 암게가 가장 맛나다.

꽃게콩나물찜

〰 준비단계 40분 · 조리시간 30분 〰

재료
꽃게 2마리, 굵은 콩나물 200g, 미나리 50g, 대파 1/4대, 홍고추 1개, 양파 1/4개, 녹말물 2큰술, 참기름 1큰술, 소금 조금

찜 양념 : 홍고추 2개, 고춧가루 · 맛국간장 · 올리고당 · 맛술 · 다진 마늘 1큰술씩, 다진 생강 1/2작은술, 양파 1/4개, 육수 1/2컵, 소금 조금
육수 : 다시마 10cm 길이 1조각, 국물멸치 20g, 마른 고추 1개, 물 3컵

COOKING TIP
냉동 꽃게를 사용하거나 조금 덜 신선한 꽃게로 찜을 할 때는 끓는 물에 한 번 데쳐낸 뒤 찜 양념에 넣어 조리한다.

준비하기	꽃게는 게딱지를 솔로 씻은 후 등딱지를 떼어낸다. 콩나물 꼬리도 다듬어둔다.	**1**	꽃게 몸통의 수염을 잘라 뾰족한 게 발 끝도 가위로 잘라낸다. 손질한 꽃게는 먹기 좋은 크기로 2~3번 자른다.	**2**	꼬리를 잘라낸 굵은 콩나물은 씻고 미나리는 8cm 길이로 썬다. 대파, 홍고추는 어슷 썬다.
3	콩나물은 찜통에서 쪄놓는다. 너무 오래 찌면 콩나물이 질겨지므로 살짝만 찐다.	**4**	꽃게가 익도록 잠깐 뚜껑을 덮었다가 꽃게가 익어 핑크빛이 되면 살짝 쪄낸 콩나물과 미나리, 대파, 홍고추를 넣고 끓인다.	**5**	미나리가 익으면 녹말가루와 물을 동량으로 섞은 녹말물을 풀어 끈기나게 저어준 뒤 참기름을 둘러 마무리한다.

건어물

8

건새우

잔새우를 잡아 껍질째 그대로 말린 건새우는 단백질과 칼슘, 무기질, 비타민이 풍부한 건강 식재료다. 분홍빛이 돌고 고소한 향이 나며 나쁜 잡내가 나지 않는 것을 고른다. 만져봤을 때 가루가 적은 것이 좋다.

다듬기 체에 담아 잔가루를 털어낸다.

뱅어포

어린 뱅어를 말려 만든 뱅어포는 뼈가 부드러워 통째로 먹기 좋아 뼈 건강에 도움이 된다. 잔멸치나 잔새우보다 칼슘 함량이 높아 뼈 강화, 골다공증 예방에 효과적이다. 뱅어포를 고를 땐 비릿한 향이 나지 않는지, 건조는 잘 되었는지 확인한다. 건조는 살짝 휘어질 정도가 적당하다.

다듬기 손으로 비벼 이물질을 털어낸다.

북어

생태에 비해 아미노산, 단백질 함량이 5배가량 높아 숙취해소, 알코올 해독, 간 기능 보호에 뛰어나다. 가장 맛날 때는 생태를 덕장에서 두어 달 말렸을 때. 빛깔이 노랗고 살이 두툼하며 부드럽고 구수한 향취가 나는 것이 신선하다.

다듬기 북어의 머리, 꼬리를 자르고 물을 축여 부드러워지면 남은 뼈, 가시, 꼬리를 제거하고 적당히 자른다.

북어 껍질째 요리할
때는 북어를 불린
후 껍질 쪽에
칼집을 여러 번
넣어야 조리 시
휘어지거나
구부러짐이 덜하다.

북어깻잎쌀가루튀김

준비단계 30분 · 조리시간 30분

재료
북어포 1마리, 깻잎 4장, 멥쌀가루 · 튀김가루 1/2
컵씩, 검은깨 간 것 1큰술, 튀김가루 2큰술,
얼음물 2/3컵 분량, 튀김기름 조금

북어 양념 : 간장 · 참기름 1/2큰술씩,
설탕 · 다진 마늘 1작은술씩, 후춧가루 조금
초간장 : 간장 2큰술, 식초 · 생수 1큰술씩,
송송 썬 실파 1작은술

COOKING TIP
북어에 덧가루를 묻히지 않고 바로 튀김 반죽에
담가 튀기면 튀김옷이 벗겨지기 쉽다.

준비하기 북어포의 등 쪽에 잔 칼집을 여러 번 넣고, 실파도 송송 썰어둔다. 검은깨는 분마기에 갈아낸다.	**1** 칼집 넣은 북어포는 1.5cm 폭으로 한입 크기로 잘라 분량의 북어 양념에 무친다.	**2** 멥쌀가루, 튀김가루를 섞어 체에 내린 후 얼음물로 반죽한다. 이때 휘젓거나 오래 섞으면 끈기가 생기므로 주의한다.
3 튀김옷에 잘게 송송 썬 깻잎과 곱게 간 검은깨를 잘 섞는다.	**4** 양념장에 재워둔 ①의 북어포에 튀김가루 2큰술을 뿌린 뒤 ③의 반죽에 넣어 넣고 튀김옷을 고루 입힌다.	**5** 160℃로 달군 식용유에 넣어 노릇하게 튀긴다. 북어나 깻잎은 오래 익히지 않아도 되므로 잠깐 익혀 낸다.

80

북어는 곰팡이가
피기 쉬우므로
방습 · 방충 효과의
마른 녹차 잎과
함께 보관하는 게
좋다.

북어매콤양념구이

준비단계 20분 · 조리시간 20분

재료
북어포 1마리, 멥쌀가루 5큰술, 식용유 조금

유장 : 참기름 1큰술, 간장 1/3큰술
고추장 양념 : 고추장 2큰술, 생강즙 · 양파 갈은 것 1큰술씩, 고운 고춧가루 · 설탕 1/2큰술씩, 다진 마늘 · 참기름 1작은술씩, 후춧가루 조금

COOKING TIP
양념한 황태는 표면에 쌀가루 또는 밀가루를 묻혀 구워야 살이 덜 부서진다.

준비하기 북어포는 물에 담가 살짝 불렸다가 물기를 짠다.	**1** 북어포의 남은 뼈와 가시를 제거한 뒤 등 쪽에 잔 칼집을 내 3~4토막으로 자른다.	**2** 양파는 믹서에 갈아 준비한다. 고추장, 고춧가루, 간장, 설탕, 다진 마늘, 생강즙, 후춧가루를 섞고 참기름을 나중에 섞는다.
3 참기름과 간장을 잘 섞어 유장을 만들어 ①의 북어포 앞뒷면에 꼼꼼히 바른 다음 기름 없는 팬에 살짝 굽는다.	**4** 재료를 섞어 고추장 양념을 만들어 ③의 북어포에 고루 바른 뒤 배 쪽에 멥쌀가루를 묻힌다.	**5** 식용유를 두른 팬에 멥쌀가루 묻힌 북어포를 노릇하게 구워낸다. 먹기 좋은 크기로 자른 뒤 통깨를 뿌린다.

81

뱅어포는 두께가
얇아 습기가
잘 생기므로
전자레인지에서
1분간 습기를
없애고 조리해야
눅눅하지 않다.

뱅어포미역튀각

준비단계 10분 · 조리시간 20분

재료
뱅어포 2장, 미역 20g, 식용유 조금

양념
설탕 · 깨소금 · 참기름 1/2큰술씩

COOKING TIP
기름의 온도가 너무 높으면 미역도 뱅어포도 타
기 쉽다. 중불에서 튀기는 것이 적당하다.

준비하기 뱅어포는 손으로 비벼 이물질을 털어낸다. 미역도 깨끗하게 손질한다.	**1**	뱅어포는 2~3장 겹쳐 가위를 이용해 4등분으로 자른다. 미역은 가위로 2cm 길이로 자른다.
2 팬에 식용유를 3큰술 정도 넣고 달군 후 뱅어포를 한 장씩 넣어 바삭하게 튀긴다. 튀긴 것은 키친타올에 올려 기름기를 뺀다. 미역도 넣어 바삭하고 새파랗게 튀겨지면 건져 기름기를 뺀다.	**3**	뱅어포를 먹기 좋은 크기로 잘라 미역과 합하여 설탕, 깨소금, 참기름으로 무친다. 이때 설탕은 넉넉히 넣어야 짠맛이 덜하다.

82

뱅어포는 색이
하얗고 두꺼운 것이
씹히는 맛도 좋다.

뱅어포고추장구이

준비단계 10분 · 조리시간 15분

재료
뱅어포 2장, 통깨 · 식용유 조금씩

양념
고추장 1과 1/2큰술, 맛술 · 생강즙 · 올리고당
1/2큰술씩, 간장 · 깨소금 · 참기름 1작은술씩,
후춧가루 조금

COOKING TIP
고추장 양념이 너무 빡빡하면 뱅어포에 고루 발
리지 않고 덩어리가 지기 쉽다. 생강즙, 맛술, 물
등을 조금씩 첨가해 양념의 농도를 맞춘다.

뱅어포는 너무 딱딱하지 않고 손으로 만져보아 약간 촉촉한 느낌이 드는 반건조 상태의 것이 요리하기 좋다.	**1** 뱅어포를 2~3장씩 겹쳐 가위로 반 자른다.
2 분량의 양념을 고루 섞어 조리용 붓을 이용해 뱅어포 한쪽 면에 양념을 고루 바른다.	**3** 석쇠에 뱅어포가 달라붙지 않도록 식용유를 바르고 타지 않도록 조절해가며 굽는다. 식으면 먹기 좋은 크기로 잘라 낸다. 아이가 먹는다면 마요네즈를 곁들여도 좋다.

83

건새우의 비린
맛을 줄이려면
팬에 기름을 둘러
약불에서 오래
볶는다.

건새우오코노미야키

준비단계 30분 · 조리시간 20분

재료
건새우 1/2컵, 양배추 200g, 당근 · 양파 1/4개씩,
실파 8줄기, 밀가루 2/3컵, 가츠오부시 1/2컵,
소금 · 식용유 · 마요네즈 · 스테이크 소스
조금씩

COOKING TIP
건새우는 물에 불려 부드러운 상태로 반죽에 넣
어야 먹을 때의 식감도 좋다.

1

2

3

4

5

건새우는 물에 불리고 양배추는 심을 제거해둔다. 실파도 깨끗이 손질한다.	**1** 물에 불린 건새우는 건져 굵직하게 다진다.	**2** 양배추, 당근은 6cm 길이로 채 썬다. 양파도 채 썰고 실파는 송송 썬다.
3 밀가루에 동량의 물을 붓고 소금으로 간해 반죽을 만든다.	**4** ③에 송송 썬 실파를 제외한 양배추, 당근, 양파 채, 다진 새우를 넣어 고루 섞는다.	**5** 팬에 반죽 한 국자 두툼하게 올리고 실파를 뿌려 앞뒤로 지진다. 뜨거울 때 가츠오부시를 얹고 마요네즈 또는 스테이크 소스를 뿌려 먹는다.

84

건새우를 볶음이나
국물에 넣을 때는
그대로 넣기보다는
살짝 볶아 넣으면
비린 맛이 덜하다.

건새우땅콩고추장볶음

준비단계 10분 · 조리시간 15분

재료
건새우 · 땅콩 1/2컵씩, 식용유 조금

양념
고추장 · 올리고당 · 생강즙 1큰술씩, 다진 마늘
1/3작은술, 참기름 1작은술, 물 2큰술, 통깨 조금

COOKING TIP
고추장 맛이 강하면 간장 양념으로 볶는다. 담백
하고 고소한 밑반찬이 된다. 땅콩 대신 호두나 아
몬드, 캐슈넛 등의 견과류를 넣어도 좋다.

준비하기 양념에 필요한 생강을 갈아 즙을 낸다.	**1** 잔새우는 체에 담아 가루를 털어낸다. 가루가 많으면 요리가 지저분해질 수 있다.	**2** 땅콩은 요리에 넣기 전에 미리 껍질을 벗겨둔다.
3 팬에 기름을 두르고 잔새우를 넣어 달달 볶는다. 잔새우는 볶을수록 고소함은 더해지고 비린 맛은 덜하다.	**4** 잔새우가 적당히 익으면 땅콩을 넣어 고소해지도록 볶는다. 볶은 재료는 덜어놓는다.	**5** 팬에 양념 재료를 넣고 한소끔 끓인 뒤 덜어둔 볶은 새우와 땅콩을 넣어 뒤섞으며 잠깐 볶는다.

소스 만들기

8

매실된장소스

with **잎채소&뿌리채소**

재료
매실청 · 된장 2큰술씩, 다진 파 · 깨소금 1/2큰술씩, 참기름 1작은술,
다진 마늘 1/2작은술

MIXING POINT
참기름, 들기름, 올리브유 등을 소스에 넣을 땐 다른 양념을 먼저 섞
어 맛을 낸 뒤 마지막에 넣는다.

냉이, 달래, 쑥, 씀바귀, 두릅, 원추리, 취나물, 미나리, 봄
동, 죽순, 양배추 등을 살짝 데쳐 된장 소스로 무치면 구수
하면서도 부드러운 고향의 맛을 느낄 수 있다. 이때 된장에
매실청을 넣으면 시판된장은 단맛이 더해지고 집된장은 쓴
맛, 짠맛 등이 사라진다.

액젓생채소스

with **잎채소&뿌리채소**

재료
식초 2큰술, 맑은 액젓 · 고춧가루 · 참기름 1큰술씩, 설탕 · 깨소금
1/2큰술씩, 다진 마늘 1작은술, 다진 풋고추 1개분

MIXING POINT
분량의 재료를 섞고 참기름을 마지막에 섞는다. 참기름을 먼저 넣으
면 기름막이 형성되어 양념들이 고루 섞이지 않는다.

봄동, 배추, 달래, 돌나물, 유채 같은 잎채소는 짭조름한 액
젓 소스로 무쳐 생으로 먹어도 맛나다. 생채 소스에 넣는 액
젓은 멸치액젓에 비해 비린 맛이 덜한 까나리액젓이 적당하
다. 액젓은 짠맛이 강해 미리 무쳐 놓으면 채소의 수분이 빠
지므로 먹기 직전에 무쳐야 제맛을 느낄 수 있다.

양파즙레몬소스

with **조개류&생선&해조류**

재료
양파 1/4개, 레몬즙 3큰술, 설탕 1큰술, 파슬리가루 1/2작은술, 다진 마늘 1/3작은술, 소금 조금

MIXING POINT
양파는 믹서에 갈아 분량의 재료와 섞는다. 양파의 톡 쏘는 맛이 강하게 느껴진다면 올리브유 2큰술을 첨가한다. 오일을 더하면 부드러운 소스가 된다.

소라, 피조개, 가리비 등의 조갯살 무침 소스로 활용하거나 오징어, 가자미, 도미, 임연수 등의 생선 소스로 잘 맞는다. 해조류와 해산물, 채소를 섞은 냉채 위에 뿌려 먹어도 좋다.

쑥소스

with **해산물&잎채소**

재료
쑥 20g, 사과 1/4개, 올리고당 1작은술, 소금 조금

MIXING POINT
쑥은 데쳐 물기를 짜 잘게 다지고, 사과는 강판에 갈아 분량의 재료를 섞는다. 쑥의 씹히는 식감이 부담스럽다면 믹서에 데친 쑥과 분량의 재료를 넣고 곱게 갈아 페이스트 상태로 만든다.

쌉쌀하면서도 향긋한 쑥과 부드럽고 새콤한 사과의 맛이 잘 어울리는 소스다. 오징어, 조개, 새우, 해삼이나 봄동, 배추, 양배추, 양상추에 곁들여도 맛의 궁합을 이룬다.

딸기소스

with **잎채소&뿌리채소**

재료
딸기 4개, 올리고당 · 레몬식초 1큰술씩, 소금 조금

MIXING POINT
딸기는 씻어 꼭지를 뗀 후 강판에 갈아 식초, 올리고당, 소금 간해 섞는다.

상큼하고 달콤한 향이 나는 딸기스스는 봄동, 배추, 달래, 돌나물, 유채, 세발나물 같은 나물에 뿌려 먹으면 잘 어울린다. 오일이 들어가지 않은 소스라 한결 깔끔하고 산뜻한 봄맛을 느끼기 좋다. 호두, 아몬드, 땅콩, 캐슈넛과 같은 견과류와 각종 치즈를 곁들여도 잘 어울린다.

깨즙소스

with **잎채소&뿌리채소**

재료
참깨 3큰술, 식초 · 생수 2큰술씩, 간장 1큰술, 올리고당 · 맛술 1/2큰술씩, 다진 마늘 1/3작은술, 소금 조금

MIXING POINT
믹서에 분량의 재료를 넣고 곱게 간다.

참깨의 고소한 맛이 취나물, 씀바귀, 두릅, 껍질콩, 미나리, 아스파라거스, 샐러리 등의 채소 무침과 잘 어울린다. 참깨 속 질 좋은 불포화지방산이 채소의 부족한 영양을 채워준다.

유자초고추장

with **뿌리채소&잎채소&해산물**

재료
고추장 2큰술, 유자청 · 식초 · 생수 1큰술씩, 깨소금 1작은술, 다진 마늘 1/3작은술

MIXING POINT
분량의 재료를 섞어 유자초고추장을 만든다. 초고추장에 설탕이나 물엿 대신 유자청을 넣어 단맛을 낸다.

달래, 두릅, 취나물, 미나리 등 나물 초무침이나 각종 조개류와 해산물 초무침, 숙회무침할 때 넣기 좋은 소스다. 비타민C가 풍부한 유자청이 고추장의 텁텁한 맛을 없애고 산뜻한 맛을 더한다.

냉이소스

with **육류&해산물&조개류**

재료
냉이 20g, 녹말물 2큰술, 간장 · 맛술 · 올리고당 1큰술씩, 참기름 1작은술, 생강가루 1/3작은술, 물 2/3컵

MIXING POINT
뿌리와 누런 잎을 떼낸 냉이를 살짝 데쳐 물기를 짜 잘게 썬다. 분량의 양념을 끓이다가 데친 냉이를 넣고 한 번 더 끓인다. 마지막에 녹말물을 풀어 걸쭉해지면 참기름을 조금 넣어 맛과 향을 더한다.

냉이소스는 살짝 데친 해산물이나 조개류, 쇠고기, 닭고기 등과 잘 어울린다. 알칼리성식품인 냉이가 산성식품의 부족한 영양분을 채워 영양궁합을 이룬다. 감자, 단호박 등의 채소에 곁들여도 좋다.

오렌지드레싱

with **줄기채소&해산물&과일**

재료
오렌지주스 · 식초 2큰술씩, 올리브유 · 올리고당 1큰술씩, 소금 · 흰
후춧가루 조금씩

MIXING POINT
올리브유를 제외한 재료를 섞은 뒤 올리브유를 2~3번 나눠 넣어가
며 고루 젓는다. 올리브유는 마지막에 조금씩 넣어야 겉돌지 않고 고
루 섞인다.

아스파라거스, 껍질콩, 브로콜리, 양상추, 양배추 같은 줄기
채소에 뿌려 먹으면 상큼한 봄 냄새가 가득한 샐러드가 된
다. 오징어, 조개, 새우 등과 곁들여도 해산물의 비린내를
없애준다. 과일이나 빵, 치즈와도 잘 어울린다.

캐슈넛레몬소스

with **과일&해산물&파프리카**

재료
캐슈넛 · 레몬즙 3큰술씩, 올리고당 2큰술, 올리브유 1큰술, 소금 조금

MIXING POINT
믹서에 분량의 재료를 넣고 간다. 분마기로 소스를 만든다면 캐슈넛
을 먼저 갈다가 레몬즙, 올리고당, 소금 간을 한다. 고루 섞이면 올리
브유를 2번에 나눠 섞어야 부드럽고 풍미 좋은 소스가 완성된다.

새콤달콤한 캐슈넛레몬소스는 과일이나 해산물, 파프리카
등에 버무려 먹기에 좋고 각종 빵에 마요네즈 대신 발라 먹
어도 맛나다. 캐슈넛의 불포화지방산이 뇌 기능을 활성화시
키고 피부를 건강하게 만든다.

하루 한 끼 자연식 반찬

이 책은 '봄요리 110' 개정판입니다.

2013년 3월 29일 초판 1쇄 인쇄
2013년 4월 15일 초판 1쇄 발행

요리　　　오은경

펴낸이　　문영애

사진　　　박신우
디자인　　채상규
요리 어시스트 김지수

그릇 협찬　르쿠르제(www.lecreusetkorea.com)
　　　　　　네코 드 봉봉(www.nekodebonbon.com)

출력　　　달리는 거북이
인쇄　　　(주)영창인쇄

펴낸 곳　　수작걸다
주소　　　423-789 경기 광명시 소하동 1288
전화/팩스　02-2066-7044
이메일　　suzakbook@naver.com
블로그　　http://blog.naver.com/suzak

값 14,000원
ISBN 978-89-6993-002-6

수작걸다는 '말과 말을 걸다'라는 뜻의 출판 브랜드입니다.